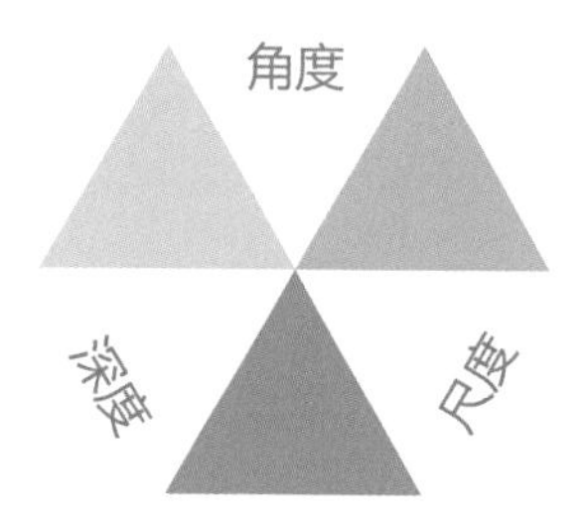
角度
深度
尺度

U0347448

ECOLOGICAL URBAN DESIGN

STRATEGY AND THINKING OF CHONGMING ECOLOGICAL ISLAND

生态城市设计

崇明生态岛的策略与思考

王　一　黄林琳　杨沛儒　著

前言　生态城市的崇明实践

生态城市

人类从未停止对理想城市的思考和追求，无论是其完整的物质形态，还是合理的社会运作机制。每一个历史阶段，都会伴随着人类认知的拓展和具体生存情境的改变而激发出新的追求和目标。

早在2500年前，老子便在其所著的《道德经》中诠释了人与自然之间关联、平衡的内在关系，但是将城市这一人类典型的聚居类型作为自然生态系统中的一部分，强调其内在的循环、活动机制及其与外在的生物圈之间的关系，却是工业革命后至今城市研究与规划理念的核心议题之一。

从弗雷德里克·劳·奥姆斯特德（Frederick Law Olmsted）、帕特里克·盖迪斯（Patrick Geddes）到埃比尼泽·霍华德（Ebenezer Howard），从刘易斯·芒福德（Lewis Mumford）、克拉伦斯·斯坦（Clarence Stein）、伊恩·麦克哈格（Ian McHarg）到彼得•卡尔索普（Peter Calthorpe），一个多世纪来，人类对生态城市的认识逐步从强调对自然环境、景观生态的尊重，上升到对包括人居空间在内的整个自然及社会生态系统的关注。如何在尽可能满足人居品质的条件下更少地侵占土地、占用能源及原材料，进而减少对自然环境的影响；如何使人类的聚落更宜居、更有生命力、更永续；如何为其他物种也提供良好而可持续的栖居地……成了21世纪“生态城市”的核心价值取向。

崇明岛

地处长江入海口的崇明岛，是世界最大的河口冲积岛。自西向东奔流不息的长江携带着大量泥沙和微生物，日复一日、年复一年地孕育着土地，延展着崇明岛的岛屿，定义着持续动态变幻的沙洲、水网与滩涂。平坦的地势、肥沃的土地、茂盛的林木、富饶的物产……加之主要的产业类型为第一产业，又与陆域以水相隔，使崇明岛成为长江三角洲地区受工业化影响最小、自然生态环境最优、物种多样性最佳、绿色能源供给条件最丰沛的区域，被视为上海可持续发展的重要战略空间，承担了营造世界级的未来自然生态示范岛的任务。

崇明生态岛的建设始于2004年，作为“发展中国家大都市圈内生态示范区域”，崇明生态岛的建设和发展模式一直备受瞩目。从什么层面、角度切入，以什么方式协调、统筹，用什么标准衡量一直是学术界、规划设计行业以及当地政府乃至居民关注的问题。也因此，即便经历了无数轮的国际规划设计竞赛，对于崇明岛未来的建设和发展，相关规划主管部门迄今仍然是在以一种更为审慎的态度来摸索、研究和思考其在经济发展、社会和谐与环境保护之间最好的平衡点。

2015年，同济大学和美国佐治亚理工学院共同主办了首届上海国际城市设计论坛暨2015生态城市设计国际研讨会。在这届研讨会上，结合同济大学、佐治亚理工学院共同发起建设的中美生态城市设计联合实验室的研究和教学，崇明岛生态发展成为会议重要的议题之一。本书总结和呈现了以崇明岛为研究对象的生态城市设计研究和国际联合教学活动的阶段性成果，并以此为契机，从角度、尺度和深度三个层面切入，引入了不同领域专家对生态城市理念和策略的多维思考，希望能借此引发更多的讨论。本书三个部分的侧重点及主要内容如下。

第一部分　角度

该部分强调不同的专业及学术研究背景所带来的对生态城市理念和策略的观察及思考视角。几位学者的讨论直指现状和实践背后的动因以及发生转变的种种可能。这一部分也包括对崇明岛这一研究对象的系统调查研究。

来自美国佐治亚理工学院的艾伦·巴尔弗（Alan Balfour）教授基于世界城市发展研究的视角，用白描的方式记录了他所观察到的上海郊区的社会生态现状，并进一步思考了未来上海所要面临的挑战，崇明岛是他讨论的重点内容之一。戚淑芳博士带领同济大学经管学院40余名国际学生团队对崇明岛进行了历时两周的田野考察，所获得的一手资料真实而生动地记录并呈现了崇明岛自然、社会生态现状。李保峰教授则从绿色建筑的评估与设计角度切入，对中国当代绿色建筑实践进行了深刻反思。

本部分以同济大学建筑与城市规划学院12名学生的基地现场调研与相关文献研究成果结尾。学生们用图解的方式全面描绘了包括崇明岛的水资源、农林牧、野生动植物栖息等在内的生态图景及社会发展现状。

第二部分　尺度

生态城市设计往往牵涉到对宏观生态系统的梳理和把握，即便是中、微观尺度的项目也必须在大尺度的生态脉络中予以考量，从而导致其往往是一项跨尺度的工作。这促使我们思考与不同尺度相适应的技术方法和工具，以及各个尺度层级之间的递进关系，以建立一种系统的研究框架。在这一部分中，两位在规划设计实践领域成果卓著的领军人物基于不同尺度对生态城市设计方法与路径进行了思考 。

刘泓志先生从全球气候变迁下的经济影响量化报告切入，基于AECOM公司所参与的全球100个韧性城市行动战略，建立评估框架，提出了一套可量化评估的整合性规划设计方法。匡晓明副教授基于多年来城市设计方面的广泛实践，提出了人、城市、自然三者“有机聚合”的生态城市设计理念、三大设计策略和五个关注重点。

本部分联合教学成果内容主要包括崇明岛生态发展目标、生态建设愿景、多层级策略及总体设计等。

第三部分　深度

深度同生态城市设计理念和目标的落地与实施有关。面对一个内涵和外延宏大的对象，生态城市的讨论往往容易停留在口号和概念中。如何让城市设计的结果不仅仅成为用来畅想的彩色愿景图，既取决于规划设计师对于生态城市内涵的理解深度，也取决于他们对于规划实施过程中所牵涉的复杂的社会、经济、制度等问题的深刻认知。

圆桌讨论部分是2015上海国际城市设计论坛重要内容。在以崇明岛生态城市设计研究和国际联合教学成果为引子展开的讨论中，来自学术界、规划设计界、行政管理部门的学者、设计师、官员们从不同的角度讨论了崇明生态岛建设的现状挑战，其中不乏深刻的反思和尖锐的批评。

国际联合设计教学的第三部分成果聚焦于崇明岛三个典型性空间类型：高密度的城镇建成区、低密度的乡村过渡区以及以生态涵养为核心内容的生态廊道保护区。每一种类型都考虑了自然与社会两个层面的生态系统保护与发展。书中崇明岛岛域图均为轮廓示意图。

本书从酝酿、编排直至最后出版历时两年有余。这期间得到很多业界朋友、老师、同学们的支持和帮助。感谢崇明岛陈家镇建设发展有限公司、迪士尼（中国）研究中心等校外机构对我们研究和教学的开展提供了大力支持。跨学校、跨院系、跨专业的研究和教学团队为工作的开展提供了坚实的保障，特别是美国佐治亚理工学院的理查德·达根哈特（Richard　Dargenhart）教授、同济大学经济与管理学院戚淑芳博士、同济大学可持续发展学院的王信博士等全面深度的介入，使工作卓有成效的开展成为可能。在成书过程中，还得到了AECOM公司刘泓志先生及陶懿君博士的协助，在此表示感谢。

此外还要感谢参与我们这次研究和教学的诸位勤奋的学生，他们一直在努力地挑战着自我，并在整个学习过程中发挥了巨大的潜力，展现了出色的综合能力，这些同学是：段正励、楼峰、邓珺文、吴人洁、王冰心、莫唐筠、李丽莎、王雅熙、彭智凯、刘洪、梁溪航、胡迪。其中，李丽莎、王雅熙、彭智凯三人的设计成果荣获了2016年亚洲建筑师协会建筑学生设计竞赛铜奖，这是对所有同学出色工作的肯定。

最后要感谢参与本书版式设计的彭智凯同学、李丽莎同学，以及参与素材整理的常家宝同学、赵子豪同学、姜培培同学。感谢同济大学出版社的江岱副总编和由爱华编辑在整个出版编辑过程中给予我们的帮助。

本书是同济大学—佐治亚理工学院中美生态城市设计联合实验室科研教学的阶段性成果总结，适合对生态城市设计感兴趣的规划设计领域专业人士、研究者、学生以及行政管理人员阅读，希望能引发关于这一热点课题的更多讨论，同时欢迎读者不吝批评和指教。

王　一　黄林琳　杨沛儒

二〇一八年六月

目 录

角度

宏观到微观

/ 上海：冲突的未来
/ 呼唤全面的绿色设计
/ 崇明岛生活形态初绘

上海：冲突的未来

艾伦·巴尔弗（Alan Balfour）
翻译：满　姗
校对：黄林琳　王　一

我目睹了上海这座城市20多年来的再次腾飞。[1] 见证一个新的世界城市文化的形成是令人激动的，而这一进程仍在继续——主题公园、电影工作室、新艺术画廊、表演厅、越来越高消费的商场，甚至价格昂贵的公寓，这一切都增强了上海的吸引力。在远离繁华的中心城区、横跨数百公里的乡村区域之外，一个个新城正在兴建。为了保证上海城市及整个区域未来的稳定发展，这些新城（卫星城）不仅仅要建住房，更要通过建设充满活力的社区、新型的城市副中心来媲美上海的中心城区。

现状

未来形成于当下。尽管我对于上海的历史有无尽的兴趣，但目前我更关心它的未来。我确信当前紧锣密鼓的建设活动能够快速建造出一座强大的世界级城市，但与此同时它也会造成一定程度的混乱及不稳定。而这一切都取决于城市周边地区如何发展。

在过去的两年中，我乘坐地铁、火车、公交车以及出租车尽可能多地走访了老城之外很多新建城区。实地考察中，整个地区给人压倒性的印象就是连绵不断的由几乎相同的高层公寓所组成的街区。东西向布局是其组织原则。这一有内在组织原则却依然无序的壮观景象在谷歌地图上看尤为明显。从空中俯瞰，有四种模式占据着主导地位：运河及其支流、乡村文化悄然消失的村落和乡镇、20世纪60至80年代规整的6层住宅项目（卫星图像显示这种变革式的发展达到惊人的程度）以及在各个区域不断蔓延的由门禁式公寓社区所构成的新秩序。它们沿着主要高速道路的两侧蔓延，从G15高速路自南通外30公里开始，连接常州的S58高速路也是一样。

从20世纪90年代初期开始，我见证了上海在城市转型过程中很多物质空间的变化。我曾经在还是工业村落的浦东走街串巷，那时的我对这个区域后来突然涌入的巨大财富、老城区的拆迁，以及大量高级办公楼、豪华公寓楼的兴建完全没有思想准备。但这清楚地反映了一个能理解的

作者简介：艾伦·巴尔弗（Alan Balfour），美国佐治亚理工学院前院长，教授。

土地政策导向，即在中心城区拉高地价，使其物尽其用；缺点是要转移安置很多原本居住于此的居民。

这一次我在周边走访的时间很短，而且对于那些还在建设中的项目，我也没有办法判断它们未来的销售情况以及其是否能够实现从中心城区向远郊疏散大量人口的目的。面对如此众多的新开发项目，我不断地问自己：它们是什么类型的社区？它们能支撑怎样的社会、政治和经济生活？学校在什么地方？人们又在什么地方工作？为什么不停地重复同一种单调的建筑类型？同时，越接近城市中心，越会发现设计得更好的公寓以及更优雅私密的景观。这同样也显示出因财富和机遇的差异所导致的社会持续分化。

整个区域在造城过程中已经做了不少不同类型的试验，然而到目前为止因为结果形形色色，所以并未形成一个强有力的模式来指导未来的城市发展。尤其是那些10多年前在上海周边兴建的欧式小镇，无论成败与否，就其规模及影响力而言，其实都只不过是上海城市快速发展过程中的小插曲。当然还是有一些相对低调的成功案例的，譬如临港新城以西那些充满活力的新建社区，但要想让这一模式填满整个临港新城的宏伟蓝图还需要很长时间。在青浦区，建于14世纪的朱家角镇，其周边所进行的开发项目展现出了一些积极的迹象，证明吸引人们离开上海是可以实现的：周末人们涌向朱家角就像欧洲人在周末涌向中世纪古镇一样，随着地铁的开通和小尺度住宅区的建成，朱家角的开发或许能够成为一种引导未来建设的模式。上海西边还有很多这一类沿着湖泊、运河而形成的古村落，它们都有潜力带动周边区域生长为上海新的卫星城。

然而，在过去基于粗放的农业生产所形成的乡村肌理与退耕后大规模兴建的住宅肌理之间已经形成了一条跨越整个区域的锯齿状的空间形态断层线。众所周知，过去的乡村肌理主要受制于或宽或窄的河网，而如今这个水网系统虽然仍与整个长江三角洲上千年的水网系统相连接，但它的主要功能已经仅仅是农业灌溉（曾经的交通功能基本荡然无存，校者注）。于是，沿着河网水系形成的上千个近百年历史的古老村镇，在新一轮城市化进程中都不可避免地受到不同程度的影响。至于新的空间肌理则只保留了水系网络的空间形态，却几乎完全摒弃掉了水乡的生产生活方式。

在上海郊区，从传统的农耕社区生产生活模式向新的城市化生活模式逐步转变的过程很平稳，几乎没有遭遇到任何反对意见。小村落被拆迁后，原住民会回迁至距离原来村落不远的高层住宅楼里居住。经过合理布局的学校及诊所也都在可达范围内。上海的远郊新城在教育及医疗配置方面已经做出了很多重要举措，譬如建立重点学校的分校以及三甲医院的分院等，都是为了解决常住人口子女教育以及老人医疗等问题。这是对在转型过程中作出贡献的农民们的回馈。农村人口城镇化的目的就显得非常单纯，就是要让他们的孩子以及孩子的孩子能够逐渐成为城市劳

动力，在提高生产效率的同时通过消费拉动内需。与此同时，这个举措也能够加快中国农业机械化进程。

当前中国的发展道路仍然是从以农业为主的前工业社会向以工业为主的城市型社会转变。从1978年到2014年，城市化率从18%攀升到55%，城市人口从1.7亿上升到7.5亿人，或者说在过去的36年之中，有5.8亿农民成为城市居民。未来的目标是在2030年将城市化率进一步提升到70%，这将导致社会阶层的重构，其中大约2亿农村户籍人口将通过安置成为城市居民（资料来源：《国家人口发展规划2016—2030》，校者注）。而目前的情况是父母的户籍状况会直接决定子女的户籍身份，甚至从各个方面决定了子女未来的发展。虽然这种情况城乡一样，但是毫无疑问对于农村户籍人口而言情况会更加严重，因为大概只有一半的农村户籍人口能够有机会进入好的学校学习或是获得更多的就业机会。这种户籍登记制度被称作“户口”，“户口”在未来依然是一个会被持续讨论的话题。农村人口向大城市的流动会引起城市人口的焦虑，上海由于地方政策弹性方面的影响，大上海区域内近年来农转非的许多地区却并未发生人口由农村迁往城市的现象（因为上海的政策是为了将市区人口疏解到郊区，校者注）。如果没有这种地方政策的支持，没有人会愿意放弃上海户口，离开上海市中心而生活在远郊。毕竟上海是让全中国人民最憧憬的城市之一，而代表着在上海生活和工作权利的上海户口又是所有户口中最具价值的。过去的经验显示，户籍制度一旦松动会导致大量流动人口涌入城区。

虽然中国所有的土地都是国有的，但农民大多拥有自己的住宅，并且可以按照他们的意愿对其随意处置。在去上海城市西部走访时，我曾从高速公路上绕下来进村子里走走看看。这些村落很相似，从沿着濒临狭窄河道的主路进来，内巷两侧都是一模一样的行列式两层住宅。通常村子边上似乎都是家境富裕的农民盖的房子。这些富裕的农民通过豪华装修自己的住宅来展示其经济及社会状态，手法类似但意识里的出发点略有不同。

相比之下，我对崇明岛乡村以及城镇的走访则更加深入。崇明岛未来还将继续作为一张有潜力的白纸，供规划师和建筑师进行一些畅想未来的实验——无论是拆除所有的构筑物，将崇明岛彻底变成一个纯自然的世外桃源；还是将它打造成涵盖生态城市[2]所有可能性的典范。然而令人费解的是，生态城市的愿景却演变成一个托斯卡纳风格及景观设计的大型豪宅社区，虽然堂而皇之地被命名为“瀛东生态村”，却至今依然闲置，没有什么人居住。［崇明岛上还有前卫和绿港（根据原文拼音“Lugong”译，译者注）两个生态村，也一样前途渺茫。］

崇明岛大规模重建唯一需要面对的限制性因素是超过67万生活在乡镇里的原住农民（2016年崇明总人口67万，农村常住人口57万。资料来源：《崇明统计年鉴2017》，校者注），他们的住宅成行布置，两侧是稻田及河道。在这里，人们可以体验到改革开放后上海周边农村出现的这种半农村半城市的空间模式。岛上级别高的镇和其他小乡镇一样并无个性及特色，但从散落在各处商业街的店铺类型上，却可以清晰地察觉到岛上原住民与大城市居民一样的欲望与需求——理发店、女士时装店、汽车和自行车修理店、蔬菜和水果店、牙医诊所——这些店铺都特别自然和亲切。同我在城市西边乡村看到的情形一样，在崇明乡镇周边及主路两侧，我们依然能够很清晰地觉察到这里老百姓们收入的差异。经济上相对富足的农民会通过精心装饰自己的住房，譬如在住宅入口处精心地加建人人喜爱的古典主义门廊来彰显他们的财富。这些装饰手段的相似性体现出本地建筑承包商对风格以及时尚的潜在竞争。虽然大多数住宅的装饰是很适度的，但这些住宅很明显地反映出个人意愿及人性化的缺失。[3]特别有意思的地方是，不仅在崇明岛，整个上海郊县农村自建住宅的装饰风格都具有明显的相似性，这说明这些手法是被老百姓们普遍认可的，而承包商们也知道如何满足他们对于财富彰显的需求。

对农村生活体验得越多，我的疑问也就越多。我在想在这场城市化运动中，是否有必要把现状都替换掉？有没有办法让风景如画、独特的乡村聚落在未来城市化进程中发挥更大的影响力？一句著名的英语谚语这样说：“我们塑造了建筑，反之建筑也塑造我们。”也许对于北京和上海的城市政策而言，新的城市居民数量的攀升必须以放弃乡村社会生活、放弃数量众多的普通民宅为代价，或许只有这样才能使新城市人不再受制于保守的乡村生活。

自20世纪以来，那些城镇和村落除了受到拆除的威胁外，还遇到了更严峻的问题。上文提到的许多古镇，有些城镇的历史甚至比上海还要悠久，而改革开放以后许多古镇被忽视了。经过近十年的恢复重建，它们现在都能够展现出传统社区的文化价值以及城市生活的趣味性。这些古镇的恢复重建将旅游业发展看得和历史文化保护同等重要，它们已经成为人们在春日的周末逃离上海的首选之地——越来越多的人们成群结队出没于乡间小路上。这不仅是因为这些古镇优雅的特质、历史城镇普遍具有的人性化氛围，还有它们那令人愉悦的美感、多样性及复杂性，而这些都是对当前上海主流建筑设计风格振聋发聩的警示。据文献记载，1751年乾隆皇帝访问苏州时，便被苏州城市生活的活力和丰富性所震撼，他委托画师将其绘制出来，并非为朝廷所用，而是为了让子孙后代也能够惊叹于数百年前他统治下中国繁华的城市生活。[4] 这幅画至今依然存在，而且依然能为今天的城市建设提供有价值的经验。事实上，中国境内这样精致的古镇和老城还有上千座，有待我们亲自去感受和学习。然而改革开放后的这些年间，很多承载着历史的建筑或城市空间，却被当作封建社会的遗存而遭到忽视。上海其实是个例外，这座诞生于高度竞争环境的商业贸易城市，受到的影响甚微。也许正是这个原因，使我在上海周边新城的游历过程中，萌生了从尺度和形式上再现中国传统城市空间的冲动。

问题

开发商、建筑师和规划师必须反问自己，在大上海的建设中他们需要解决哪些问题？不是窗户形状或者阳台尺寸这些问题，而是更大的社会问题——人们希望他们建造一个什么样的未来社会。为了使规划更高效，在未来的城市总体规划中，非常有必要厘清那些纷繁复杂的问题的本质及其影响范围，并公之于众。

下面列出的是当前一些亟需提出及解答的问题。

问题一：上海的城市行政管理机构中有没有个人或者是组织，对当下建造热潮的短期现状以及长期影响有一个整体的认识？这个问题也应在全国范围内进行提问，因为全国都在复制上海的建造热潮。

问题二：在过去的十年里，房地产已经成为最重要的经济推动力。楼价上涨为大规模的信贷扩张提供了基础，地方政府用得到的资金进行大规模投资，2013年出售土地的契税收入已经占到国家总税收的3.3%（资料来源：《2013年上半年税收收入情况分析》，校者注）。大部分的资金来自地方政府以公共土地作为抵押的贷款。尽管中央政府尽力稳定全国的房价，对于土地债务的依赖却促使地方政府保持高房价和高地价，以便能获得更多的贷款。直到最近土地价格仍在飙升，信贷流动幅度很大。然而2015年的土地购置面积与2014年同期相比骤减31.7%，全国房地产竣工面积较去年下降了8.8%（资料来源：《2015年全国房地产开发投资和销售情况》，校者注）。过量的资本流入已经导致了各类资产的产能过剩，同时也催生了一些受利益驱使却相对不可控的开发项目。哄抬价格使土地保持高价的行为已经导致房价远高于大多数人所能承受的范围。因此当前对未来的需求和期待都建立在一个有缺陷的金融结构上。[5] 那么，当前金融结构的问题如何解决？

问题三：上海未来25年人口增长的预计范围是多少？目前战略规划和实际总体规划基于的人口预估量是多少？

据官方统计，截至2015年上海现有人口2400万人，其中常住人口1400万，流动人口1000万，流动人口中暂住人口600万，未办理暂住证的流动人口400万。

据政策预计上海辖区内城市人口和农村人口之间的差异将会消失，流动人口的需求将会得到解决。从2015年上海基本人口2400万计算，假设现有人口保持相对稳定不变，受农转非的影响及区域内工作机会的增加对外来流动人口的吸引，未来将新增2900万人口，也就是说到2040年上海总人口数预计可达5300万。必须补充一点，尽管大量的投资正致力于将上海打造成一个主要的先进制造业中心，进而吸引劳动力人口的流入，但仍有人预测上海城市人口的增加会趋于缓慢，流动人口的增长趋势也将大打折扣。

问题四：四种汇聚的力量将会在很大程度上影响上海乃至全中国的住房供求关系。户籍制度放宽，由人口流动和财富集聚引发住房需求，为安定流动人口而产生的住房需求（2014年流动人口数量2.53亿），安顿持续增长的本地老龄人口需求。

那么，由以上因素产生的住房需求如何被量化并加以解决?

- 为老人准备的住房单元有多少？

- 为中心城市迁居出来的人口准备的住房单元有多少？
- 为乡村城市化进程计划准备的住房单元有多少？
- 为可预见的大量流动人口的增加准备的住房单元有多少？
- 是否有为流动人口建造临时住房的计划？
- 是否可以假设未来上海的流动人口会转变为常住人口？
- 是否有明确的计划来提供适宜的基础设施，如学校、医院等？
- 那些将要面临工业城市生活的未来被城市化的人口，他们所需的培养教育资源和基础设施在哪里？
- 是否有适应不同人群需要的清晰有别的住房类型及价格差异，例如增长的家庭规模、大家庭结构类型，或是临时居住的单人房等？是出售还是出租？
- 是否形成新社区规划中不同类型人群能够合理分布的指导方针？

问题五：将上海建成世界级经济中心城市的目标可能迫使绝大部分的人口，尤其是低收入及外来流动人口被排挤到城市边缘，这也许会引发阶层的冲突。那么，如何以一种能惠及所有阶层需求的方法来推进和实现地区的发展？无论是富有或贫穷、城市或乡村、常住人口或流动人口，即使做不到完全平等，但至少实现相对和谐。

问题六：目前在住房建设项目的审批中，是否有强制性的设计导则来关注诸如环境和能源需求的问题？

- 如何减少能源使用的需求，是否考虑供热与制冷的能源储备方式、隔热方式和热能回收？
- 是否已考虑新能源、可再生能源的应用，如太阳能、风能、地热、生物能？
- 是否考虑垂直农业的应用？

问题七：自2009年以来上海城市规划和土地资源管理部门已经开始启动针对郊区的规划策略研究，力求整合城市与乡村地区，加速上海乡村城市化进程。最近有关部门也提出一些积极的计划，即通过扩张地铁系统将人口增长的压力转移至远离上海中心城区的一系列周边卫星城镇中去。这个计划要覆盖全部大上海区域，总计6340 km^{2}的范围。

那么，提到“一城九镇计划”和许多其他实验性的前景不明的社区规划，这些规划目前是什么状态？是否有针对以下类型的实际规划模式？

- 低碳生态卫星城（容纳5万～15万居民人口）；
- 高密度可持续社区（城镇的子集，人口在0.5万～1万）；
- 高生产力的新型农业社区（居民人口2000人，保护并且崇尚农业生产）；
- 农转非的新城市人口以及从中心城区转安置到郊区的高比例老年居民建造住房及社区。

问题八：乘坐地铁或高速列车出城旅行的过程让我发现，目前的房地产发展显然更偏爱那些靠近地铁站和火车站的区域。即使把那些在建的几条地铁线路考虑在内，仍有部分的新开发地区是远离地铁线路的，因此居民必须依赖机动车和公共汽车出行。那么，远离地铁和火车服务半径的上海新区居民采用什么交通方式通勤？

- 如果是乘公交或私家车，道路系统是否足够使用？
- 这种对机动车的极大依赖性将会对环境造成什么样的影响？
- 这种以机动车为必需品的大规模发展长远来看会有怎样的影响？

问题九：我们需要想象力，需要建立一个满足所有年龄阶层人群愿望和诉求的环境，一个充满欢乐和幻想的新现实，一个折衷后的现实，它能够将社交媒体的转变潜力与现实的物质秩序结合起来。那么，如何发挥国家的文化和历史优势？

- 学习和利用中国传统村庄和城镇所具有的直到今日依旧生动的物质特征；
- 整合中国景观建筑师们卓越的能力，使其在建设新型生态社区中扮演核心指导作用，进而创造新的中国城市景观。

问题十：上海同样面临很多全国性的环境问题：

- 环境正在恶化；
- 数百万人的健康正在被损害；
- 遍布的空气污染和水污染；
- 机动车使用面临失控；

- 绿色空间正在迅速消失以为开发让步；
- 空气质量明显下降，并且未采取任何措施来减少机动车的使用或提高汽油的质量。

但上海的问题更加有地域性、长期性，并有潜在的巨大危害性。上海正在下沉，原因包括土地蓄水层的消耗、可预测的海平面上升以及长江对上海的冲蚀。成千上万的新建筑正在城市内外疯狂地建设，却很少采取哪怕简单的技术手段来缓和可能面临的这些问题。因此，也许在接下来的50年甚至更长时间内，所有的社区都需要逐渐形成以应对未来环境问题为目标的新的生活模式。

那么，建筑师、工程师和城市设计者有提出任何解决这些问题的方法吗？在建设领域，包括高速公路、高铁、地铁以及其他各种基础设施建造中，有哪些对最基础的环境问题解决措施所做的尝试？

问题十一：目前在该地区实施的大量的、不受控制和忽视环境的住房和社区建设，是否会阻碍或限制未来创造适应生态和社会环境建设的尝试？我相信答案是肯定的，未来可能出现有助于建立有效且可持续发展模式的新技术，希望上海未来的性质没有被当前这种大批量且难以持续的高层住房建设运动所定义。

在写这篇文章的时候，《纽约时报》刊载了一篇题为“在北京发展为超级城市之际高速增长带来的痛苦让中国欲结合北京周边建立超大级城市”的文章。文章称，北京将成为一个1.3亿人口的新型超大级城市的中心。作为经济改革的先锋地，京津冀区域面积是纽约的6倍，总计21.2万平方公里的范围，相当于美国堪萨斯州的大小。坦白说，面对这难以想象的巨大项目我已经茫然失措，其蕴含了深刻的社会文化以及政治和经济含义，是史上绝无仅有的。

在最近的旅行中，我不仅体验了上海周边环境，更多的收获是对一个即将在不久的未来成为巨型城市的区域有了切实的理解。我向北跨过长江三角洲去南通再到南京，向西到达苏州（并跨越太湖），向东南到杭州和宁波。这些地区未来显然会成为世界上人口最稠密且最有生产力的地区，但是目前除了北京主导的国家运输项目之外，并没有统一的可跨越行政区的规划当局来主导这块由多个行政区组成的大地区。要想将这个地区完全塑造成世界经济力量的中心，一定需要有统一的规划当局来主持。而建筑师和规划师必须培养一种超越独立城市个体之上的整体眼光，为未来的城市联合做好准备。

后记

这篇文章是基于2015年6月上海同济大学生态城市会议上我的演讲内容发展而来。它将生态城市主义和可持续发展的概念与目前上海许多地区正在进行的宏大建设计划联系在一起。

注释

1　我曾写过这座城市自其建立以来的历史（上海：世界都市，wiley/academy）。

2　在这里，生态城市主义将人类社会视为生态系统，人作为这个系统中的生命体，与非生命体和流形结构（manifold structures）共同组成这一封闭的系统。这一概念能够在解决城市面临的各种问题当中发挥支撑作用，然而想要更高效地实现，需要整合诸多在环境中起作用的因素以及满足可持续发展的所有需求。想要更加有效，就必须更加广泛地应用这一概念，目前上海地区新型且明显不可持续的发展模式似乎不能够实现这一概念的应用。

3　大量的巴洛克风格塔楼的变奏曲，是我能够想到最贴切的描述。这种毫无约束、装饰奢侈的城镇和村落，使我感到惊讶又迷惑，而我的中国建筑师同事却并不像我一样吃惊。它们在另一个讨论语境中也许会被研究和分类。

4　《姑苏繁华图》原命名为《盛世滋生图》，是一幅长12m的卷轴画，由中国宫廷画师徐扬作于1759年，描绘的是苏州繁华的都市生活。

5　详见：Chen Zhiwu. China’s dangerous debt[J]. Foreign Affairs，2015（94）：13-18.

呼唤全面的绿色设计

李保峰　张卫宁

中国的绿色建筑从早年的观念引进到近10余年本土实践，已经经历了20余年的历程，相比10多年前的普遍缺乏理解，[1]如今不仅绿色建筑的概念已为中国建筑师熟知，更因为绿色建筑评价体系的出现，从而使其到达可操作的层面。

10余年来，笔者一直聚焦于绿色建筑研究及绿色设计实践，深感口号并不等于现实。在当下绿色建筑呼声空前高涨的时候，我们有必要从不同层面冷静地反思一下我国的绿色建筑状况。

1　绿色与建筑

可持续发展观念是人类有史以来最重要的一次道德修正和自我批判，其在建筑领域的代表即绿色建筑。绿色建筑的主要价值在其道德高度，在具体设计上则对应若干相应的策略。按照构词法理解绿色建筑的概念，“绿色”是修饰词，被修饰的“建筑”才是核心词。对一个概念的限定越多，则其外延就越窄，“绿色建筑”的外延当然比“建筑”窄。

随着时代的发展，建筑学一直在不断地自我修正与完善、不断地丰富着自己的内涵及外延，但“修正”和“完善”并不意味着彻底的自我否定。即使在现代主义的早期，那些呼唤改革的大师也并未否定传统建筑学的全部价值，格罗皮乌斯便认为建筑教育的目的是“使学生们具有完整地认识生活、认识统一的宇宙整体的正常能力”[2]。当下的绿色建筑关注“四节一环保”当然高尚，但若仅仅关注“四节一环保”而忽视其他，便是将“绿色建筑”理解为“绿色工程”了。

建筑学的学科特点是高度的综合性，任何单一评价、孤立判断及线性思维都不是建筑学的思维方法。我们不能将绿色建筑的标准直接理解为当代建筑学的唯一标准，不能仅仅关注“绿色”，却忘记了“建筑”！设想：如果城市建筑全部直接使用作为节能模拟结果的丑房子会是什么效果？

笔者规划设计的恩施大峡谷女儿寨度假小镇，选址于一处面对大峡谷的自然坡地上。恩施大峡谷位于项目选

作者简介：李保峰，华中科技大学建筑与城市规划学院教授。
张卫宁，中南财经政法大学金融学院投资系副教授。

1

2

1 从大峡谷看其东侧的度假小镇
2 左侧是大峡谷，右侧是度假小镇

3

址的西侧，南北向延绵数十里。为表达项目的在地性，设计受土家族民居因地制宜策略启发，仅做少量土方平整，为充分利用大峡谷的景观资源，所有建筑开窗均面对大峡谷，并延续等高线的逻辑自然形成东高西低的“变形行列式”格局。

甲方资金充足，愿意担当社会责任，要求做绿色标识，但在进行绿色设计标识审查时我们被要求将建筑布局全部改为南北向！这种态度反映出当前我们的绿色建筑评价的教条化倾向。

适应地形及景观最大化是建筑学的重要目标，而南北向则是有利于节能的手段之一，当二者发生矛盾时，如何选择？是放弃建筑学的全面价值而固守于某一种绿色手段，还是坚持建筑学的全面价值而采用其他的绿色策略？最后我们用外遮阳的方式解决了适应地形、景观最大化及防止西晒的矛盾。

2　系统与要素

城市是一个复杂的大系统，相比城市，建筑只是其中一个要素。城市是皮，建筑是毛，皮之不存，毛将焉附？绿色建筑按其星级标准而必然会产生不同的增量成本，若城市不“绿”，则单体建筑之增量成本所对应的环境效益岂能最优化？规划尺度的工作更能四两拨千斤！

3　建筑顺应地形

4

近10年余来，中国的城市快速扩张，出现了大量忽视当地地理特征的野蛮型规划，严重破坏了既有的生态系统。时至2012年居然还报道：一个月移走了几座山、填平了几个谷。在这样的城市开发模式下谈绿色建筑的意义何在？

10年前，我们通过投标获得了某国防研究所的规划设计项目，中标的重要原因是我们对场地内地形地貌的尊重：我们将主要建筑南北向行列式布局，这样建筑的东侧山墙正好与南北走向的山体垂直相接，如此的竖向关系自然形成了“天地双入口”的建筑交通组织。然而，一个月后当我们汇报深化方案时，甲方得意地告知，为了节省工期，他们已将那座山彻底铲平了。当代“愚公”的移山效率无与伦比！

3 设计与使用

我国自2008年4月开始实施绿色建筑评价标识制度，截至2015年1月，全国已评出设计标识2379项，但运行标识仅159项，运行标识仅为设计标识的6.6%。[3]

自文艺复兴之后出现了设计与施工的分工，但设计仅是媒介，建筑物才是最终目标。绿色建筑的唯一价值在于其真正实现“四节一环保”的目标，即绿色建筑的完成度。当下中国有很多项目申报了绿色建筑设计标识，并且

4 建筑形式源于展示模式，用自然采光简突出展品

获得了星级，但后续施工其实并没有严格按照设计进行，有的甲方甚至明确告知，项目只申请绿色设计标识。公然宣称只说不做！

笔者设计的某国防研究所主楼，西侧面对主要城市干道，为减少西晒，我们的建议是在两栋楼之间做一大连廊，可同时兼顾城市关系。但因项目保密，甲方坚持要做西向的玻璃盒子，作为对外接待的缓冲空间。朝西的玻璃幕墙显然极不利于节能，故我们建议采用可实现适度气候缓冲的、内设可调节百叶的双层玻璃幕墙[4]。但在建筑完成后甲方竟未做空腔内的可调节遮阳，原来设计力图克服的夏季过热问题仍未得到解决。

4　关于新技术

不可否认技术创新对人类文明进程的促进，但技术毕竟只是手段。一说到“技术”，人们往往会强调“新”，当下的绿色建筑介绍时动辄使用了多少新技术，许多绿色建筑评审指南要求申报项目“必须采用不少于一项新技术、新材料、新工艺或新设备”。我们的目标是“新”还是“好”？“新”等于“好”吗？历史上曾有大量经不起时间检验的“新”技术，如曾经获得诺贝尔奖的DDT，它有效地解决了粮食虫害问题，却导致了人类生命健康的一系列问题。对于古老的建筑学专业，有许多历久弥新、具有方法论价值的好案例值得我们学习与思考，如被动式技术，如多种旧技术的有效整合，凡此种种，不一而足。在建筑学领域，“被动式策略”反映了创造的价值及人类的智慧，然而，面对上述“唯新”的评审标准，建筑学的核心价值荡然无存！

笔者设计的郧县恐龙蛋遗址保护博物馆时，研究了恐龙蛋遗址所呈现一系列特殊问题，提出关注场所、适应地域气候、保留历史记忆、采用适宜技术、形式源于展示模式、用暗环境突出展品等设计原则，使用竹跳板作为混凝土外模板，将旧瓦作为第二层屋面，设置双层百叶实现通风阻光目标，将超长体量化整为零，使得遗址博物馆紧密地锚固于恐龙蛋遗址上。但因没有采用“新技术”而无缘申报。

当谈到绿色建筑时，我们更需要跳出纯技术的线性思维，从价值判断的角度进行思考，不仅关注How（怎么做），更要思考Why（为什么这样做）！

对于建筑师，不仅要思考技术的可能性，更要思考其背后的必要性，不仅要关注工具理性，更要关注价值理性，要防止过度炫耀技术，不能仅关注技术，却忘了城市和人。

绿色建筑会涉及技术问题，但这些技术并非建筑师的单打独斗之招，而应是整个制造业的工程性命题。建筑师未必能创造什么新技术，但他们却有优化和整合多种技术的优势。

5

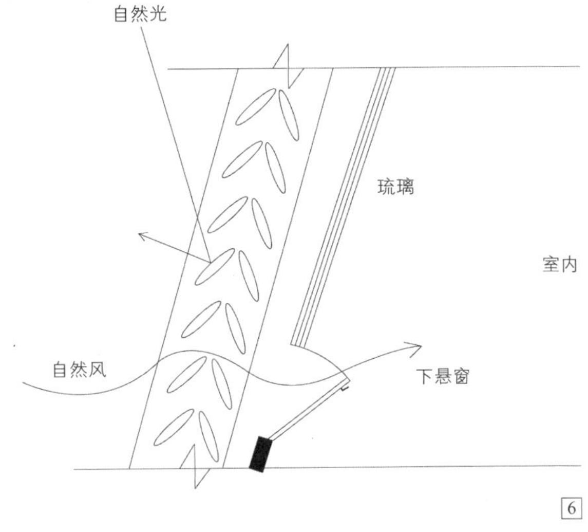

6

5　使用当地竹模板浇筑外墙
6　体块连接处的透风阻光构造

后记

绿色建筑在中国已经走过了20余年历程，绿色概念已经深入人心，但在操作层面尚有大量问题，如重视绿色而忽视建筑，重视单体的问题而忽视城市尺度，重视设计却忽视完成度，以及重视新技术却忽视被动式策略等。本文结合本工作室的实践案例对上述问题进行了梳理和总结。

注释

1 详见：李保峰，秦佑国. 生态不是漂亮话[J]. 建筑，2003（01）：74－75.

2 详见：格罗皮乌斯. 新建筑与包豪斯[M]. 张似赞，译. 北京：中国建筑工业出版社，1979：17.

3 信息出处：住房和城乡建设部科技发展促进中心，DOI：10.16116/j.cnki.jskj.2015.06.001.

4 夏热冬冷地区做双层玻璃幕墙并非妥当之举，说其具有适度的气候缓冲，只是相对普通玻璃幕墙而言，2001—2003年笔者研究团队针对此进行了大量的试验研究。详见：李保峰，李刚. 建筑表皮[M]. 北京：中国建筑工业出版社，2010.

参考资料

[1] 莫斯塔法维. 生态都市主义[M]. 俞孔坚，译. 南京：江苏科技出版社，2014.

[2] 林宪德. 绿色建筑：生态、节能、减废、健康[M]. 北京：中国建筑工业出版社，2007.

[3] Philip，Jodidio.100 contemporary green buildings[M]. 2013.

[4] Serge Salat. Cities and Forms[M]. CSTB Urban Morphology Laboratory，2012.

（国家自然科学基金重点项目：城市形态与城市微气候耦合机制与控制，51538004）

崇明岛生活形态初绘

戚淑芳　范美燕

我们认为在开展对崇明岛的更新设计之前，除了体会崇明“生态岛”整体发展思路，也有必要了解当地实情、分析居民需求，才能使崇明生态岛更新设计做到因地制宜。同济大学建筑与城市规划学院和经济与管理学院师生联合开展的“崇明岛设计工作坊”（Chongming Island Urban Design Studio）对崇明岛进行了预调研，然后制定了可行的实地调研计划和系统的数据记录方法。通过实地观察，并与居民互动访谈，工作坊的师生得以切身体会崇明岛独特氛围，系统地捕捉和记录崇明岛居民的生活模式，并识别其形成自我认同感的空间元素。

工作坊团队共花了6天时间，遍访位于崇明岛的陈家镇和裕安镇。一方面，分组进行访谈，一共访谈了202名岛上居民；另一方面，安排了一组城市规划专业学生对其环境进行观测记录与地图绘制分析（mapping）。受访者中男性104人，女性96人，其中有两位未记录性别。其中127人为崇明本地人，41人为外地人，34人未记录。主要年龄分布为：15岁以下12人，16—59岁153人，60岁以上37人。

在建设转型过程中，崇明各个村落的基础设施得到全面更新，道路、水电供应、垃圾处理等都有很大进步。同时崇明地区人口呈现快速老龄化的趋势。根据崇明统计信息网的官方数据，崇明本地2015年人口自然增长率为−5.49‰，已连续19年呈现人口负增长。根据2013年数据，全县总人口682 127人，其中60岁以上人口占30%。调研所在地陈家镇60岁以上人口比例为26%。

工作坊通过系统的观察、访谈与分析，共识别了崇明岛当前生活模式的七个重要组成部分，包括交通、食物、工作、娱乐、教育、废弃物及废水、旅游产业等，下文将进行逐一说明。

1　交通

受访者一致认为过去10多年来当地交通的改进与提升，为崇明岛带来了最显著的变化，尤其是对经济发展作用很大。村里每户门口都有柏油路，主干道上设有自行车道。但是受访者反映目前交通道路的发展带来安全隐患，

作者简介：戚淑芳，同济大学经济与管理学院讲师。
范美燕，同济大学经济与管理学院 建筑产业创新发展研究院科研人员。

不再放心让老人、孩童独自步行，而需要使用电动车等接送。同时下雨还不时有积水问题。

崇明岛主要的交通工具是电动车、自行车、公交车和私家车，其中最常见的两种交通工具是电动车和公交车。具体而言，电动车是最受欢迎的交通工具，我们访谈的每户家庭都至少有一辆电动车。电动车存在的问题包括充电时间过长、充电电池废弃处理对环境的影响。公交车是人们常用的交通工具，也提供一定程度的便利，但在繁忙时间公交车频次满足不了上班通勤需求。因此年轻人对交通系统并不满意；然而年长者对交通系统表示满意，因为他们觉得交通成本很低。

2　食物

崇明岛特产包括崇明糕、白山羊、黄金瓜等。农村居民一般自己家里有菜地自给自足，与岛上一些大农场不同，种植自己家食用蔬菜的农田多使用天然肥料，很少有人使用化学肥料或者杀虫剂。有的家庭会饲养家禽，大部分家庭食用的肉品是从市场购买。当地人一般在家自己煮三餐。农家里大多数同时存在烧木材的灶台和燃气灶台。多数受访者认为烧柴火的灶台可靠好用，煮出来的饭比较香。

遇到节庆或家中办喜事，也喜欢邀请邻居亲戚一起用餐，形成紧密的邻里关系。

1

崇明岛上的餐馆主要是为游客和外地人开设的。但是崇明人口数量变化具有周期性波动的特点。由于崇明特殊的地理位置，青壮劳动力主要集中在周边的上海市区以及启东、南通等城市。外出人口的返乡周期比较短，加上近年来崇明每年接待旅游人数在400万以上。因此，在双休日和假期，崇明的人口数量明显多于工作日的人口数量。游客生意不稳定，餐馆生意好坏也大幅波动，经营维持不易。

3　工作

崇明岛居民的工作情况，当地年轻人、当地年长者、外地年轻人存在显著区别，也从侧面反映了当地的经济发展活力。

当地年轻人大多在岛外工作，有一大批在上海市区当出租车司机，其长辈和孩子留守在家，同时老年人在岛上会打杂、干零活或者务农。当地工厂的工人组成主要是当地年长者和外地年轻人。

当地农民每月都有农业补贴，他们当中许多人因为年纪大，体力较不足，都将其土地租赁给外地年轻人开发农场或养殖螃蟹。外地人来经营商铺也较多，外来居民因为语言习惯不同而表示难以融入当地生活。他们一般都是全家迁入，但是生活条件较艰苦，租住的住房一般只有十几平方米。

受访者表示，岛内人平均学历水平较低，工作很难找，一般依靠熟人介绍。工作时间规律，8：00上班，下午4：30下班。

4　娱乐

岛上老年人平时休闲活动主要以搓麻将、邻里走动、玩扑克、跳广场舞、到老年人活动中心和人聊天、看电视为主。而年轻人平时工作，周末或假日主要是去上海市内进行娱乐。通常人们晚上不外出，晚餐后街上熄灯，可以看到美丽星空，大家保持着一种规律平和的生活方式。居住于城镇中心的崇明岛居民可以选择更多的娱乐方式，例如打乒乓球、KTV唱歌等，然而他们并不习惯特别为娱乐而去消费，也很少去生态园。居民经常去的地方是像社区的杂货店那样与生活紧密结合的地方。

1　手绘数据记录

3

2 崇明岛在建的基础设施

3 崇明岛居民家宴实录

5 教育

当地小孩主要在城镇上学，但外地人小孩由于户籍问题等限制条件存在就学困难。过去，每个村庄都有小学；但现在这些学校的师资已经被合并，并搬迁到城镇中心成立新学校，这对家庭住址远的农村孩子来说，上学很不方便。受访者表示，如果有条件都希望送孩子到上海市区就学，因为当地的教育资源明显落后上海市区的教育资源，尤其是国际化教育环境方面。

6 废弃物及废水处理

崇明传统农村村落呈现鲜明的线性空间形态，建筑沿主干道排布，与农田、河道融为一体。受访者表示十几年前还常在河里戏水、钓龙虾、洗衣服。但是现在水道漂浮着垃圾和废弃物，而且仍被用于灌溉，在夏天天热时会发出异味。沟渠断头不联通现象较普遍，而且为了通车而在路旁的沟渠上多处填土建桥。这类桥通常3～4m宽，只在桥基处开一个直径约50cm的涵洞允许水流缓慢通过。

我们没有观察到明显的排污系统和集中处理污水的设施；部分雨水管路、农业排水和生活污水直接连通这些河道；沿河道居住的居民部分会将家禽，如鸡鸭等养殖在河道附近；沿河道有较多中小型养蟹池塘。多处农田水道呈现富营养化现象，铺满了厚厚的藻类。

从受访者对河水污染缘由的描述，我们发现当地并没有一个清晰的水处理方法；维持水道清洁的责任归属不清。

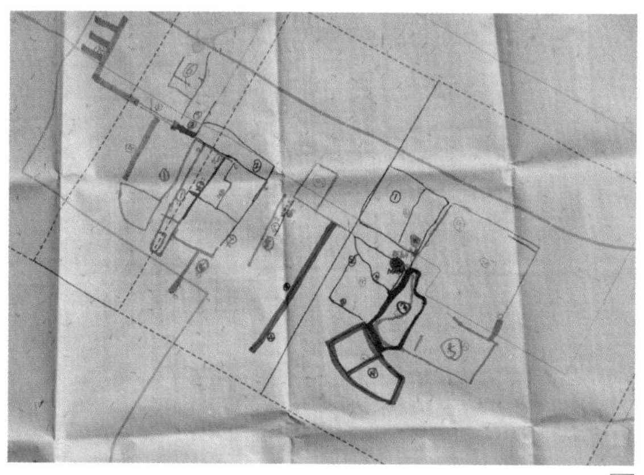

4

此外，废弃物的处理也是一个问题。过去可以卖钱的都会被收集起来，但是现在这些可再利用的废弃物换取的收入太少，很少有人愿意继续收集。同时，道路两旁少有垃圾桶，即使有也没有垃圾分类；还有人直接在路边焚烧废弃物，产生难闻的气味。

7 旅游业

崇明岛着力发展生态旅游农业，成立现代农业基地，除了温室大棚蔬果种植，还提供休闲娱乐和寓教于乐的体验活动，例如开心农场、草莓园采摘、亲子活动以及农家乐。当地政府对此有一定的政策及资金扶持，但仍需带动基础设施的改造来应对旅游产业对环境造成的压力。

8 结论

事实上，“崇明岛设计工作坊”启动之初，参与人员参考崇明生态岛建设发展政策和纲要，结合国际著名生态城市案例，初步构想的生态崇明岛更新设计蓝图涉及水系统、能源系统、农业系统、中央公园等。实地调研的重要作用在于它指出崇明的独特文化和空间聚落形态，以及当前面对的问题。通过实地观察与访谈获得了一手的调研资料，我们分析并识别了崇明岛生活模式的七个重要组成部分，即交通、食物、工作、娱乐、教育、废弃物及废水、旅游业等。我们发现崇明岛拥有的宝贵生态资源、清净环境，是建立在其以紧密邻里关系为基础的文化生活形态及农田水道交织的空间聚落之上。而这一切在目前发展模式中并没有被保留。导致以私家车和电动车为主的交通形态吞噬了过去步行和孩童街边嬉戏的闲适低碳生活模式，随之而来的污染、排水、废弃物处理问题均亟需立即的关注，原来的崇明特色需要获得保护和重视；洁净自然环境和安全天然食物已经快速成为稀有资源。因此，更新设计需要解决的一个重要议题是如何在优先考虑当前居民和自然环境特征的前提下，以循环经济概念为基础，充分体现当地独特的生态环境资源的价值，将其用于创造一个能吸引更多年轻人的生活与工作环境，在刺激经济增长的同时，唤醒更多人对自然之美的珍惜，形成自我维护的良好循环。基于该调研结果，工作坊设计小组重新确定了崇明岛更新设计的多种形式和功能，即智慧岛、农业城市和游乐城。

4 田野考察记录

5

6

5 崇明岛上务农老人
6 在建学校

后记

城市的质感融合了当地文化和生活方式。在城市化的进程中，新城区与旧城区的变迁往往在去留之间引发许多争论与思考。在全球化的影响下，人们对其成家立业所处的城市不断地重新进行定义。对城镇而言，可持续发展到底意味着什么？持续与发展的意义分别又是什么？崇明岛设计工作坊旨在回答这类的问题：如何能设计一个持续转型繁荣发展又保有其独特空间形态、宝贵生态价值的崇明岛？

角度

崇明岛社会与自然空间分析

/ 尺度对比

/ 人口及社会经济发展

/ 生态敏感性及农业发展

/ 生态敏感性及物种多样性

尺度对比

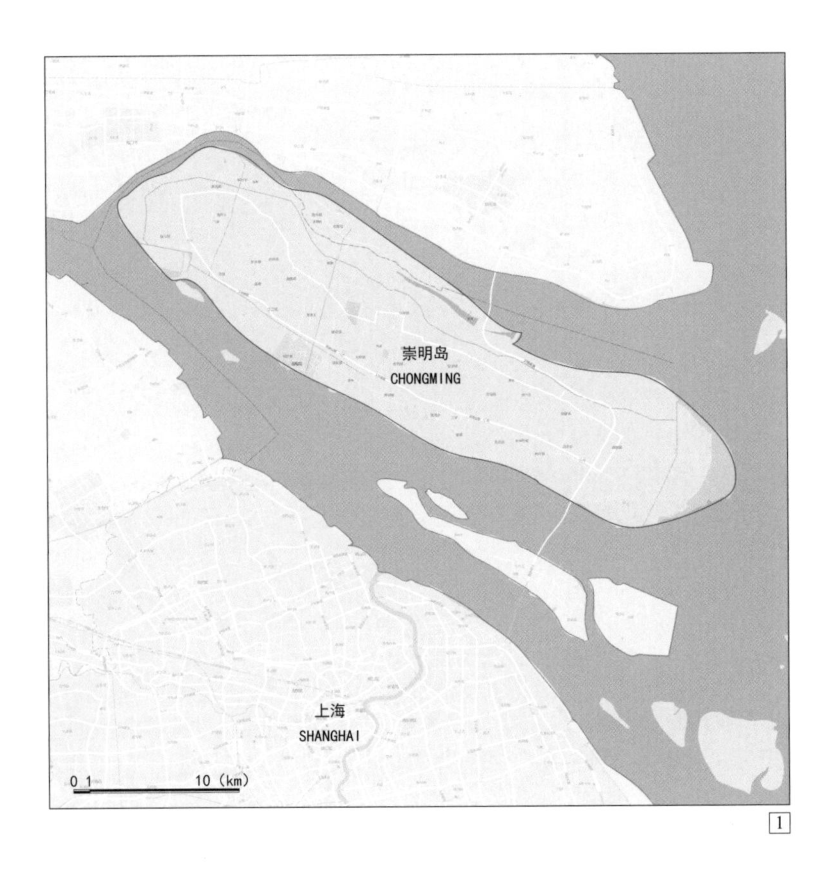

1

1 上海崇明岛区位

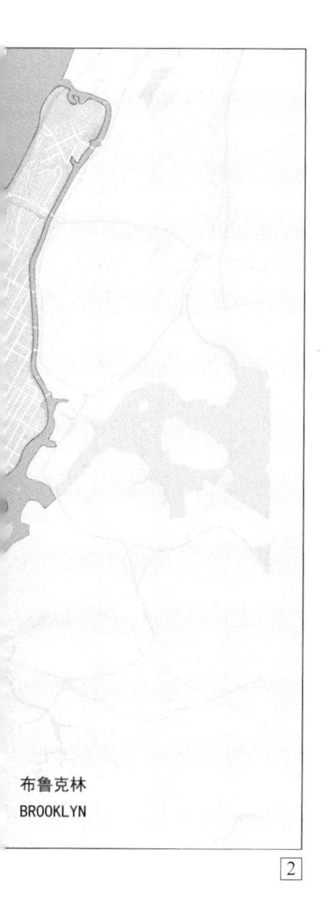

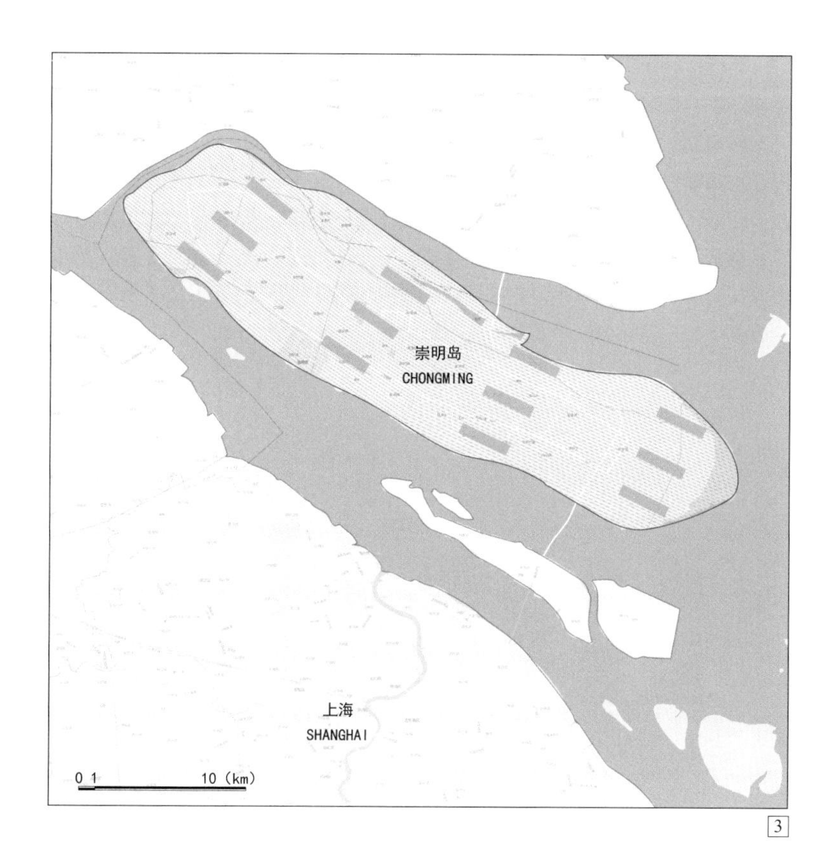

2 纽约曼哈顿岛
3 崇明岛与曼哈顿岛空间尺度等比例对比

人口及社会经济发展

基于生态视角进行规划研究的前提是必须具有系统的、整体的思维。因此，即便最终我们的设计对象是崇明岛陈家镇，但对整个崇明岛的充分研究是决定我们设计思路与方向正确与否的关键。

因此，设计之初必须从历史、人口、社会经济、自然系统形态、城市形态、基础设施网络、政策及规范、设计艺术与文化、气候与气候变化以及微观城市生活十个方面完成对崇明岛的整体认知。学生通过现场调研及文献研究分小组切入这十大主题的研究，并在这个过程中根据信息及数据获取情况进行推理判断，逐渐缩小研究的范围，慢慢完成对现状问题的聚焦。最终，核心研究内容聚焦于三个方面：人口及社会经济发展、生态敏感性及农业发展、生态敏感性及物种多样性。

通过田野调研及文献研究，我们发现近年来崇明岛的人口结构发生了巨大的变化，由于年轻人外迁或大多选择去上海市区务工，青壮年劳动力总数呈逐年下降的趋势，崇明岛老龄化情况严峻。外来人口则主要集中在陈家镇、新河镇以及竖新镇，主要从事农业生产，少量从事第三产业。第一产业依然是崇明岛的支柱产业，但是随着城市建设用地的不断扩张，一部分农业用地被征收，失地的转安置农民虽能够获得政府的经济补偿，但与生产资料的分离造成了其传统、稳固的社会结构的断裂。人与土地、人与人的关系发生了巨大的改变。

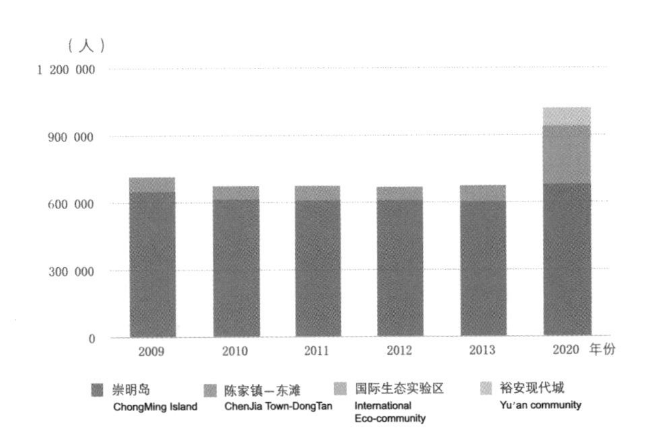

区域	2009年	2010年	2011年	2012年	2013年	2020年
崇明岛（人）	652 482	613 508	611 704	609 369	606 040	680 000
陈家镇—东滩（人）	60 044	60 833	60 797	60 666	60 495	210 000
国际生态实验区（人）	—	—	—	—	4 500	50 000
裕安现代城（人）	—	—	—	—	4 750	80 000

[4]

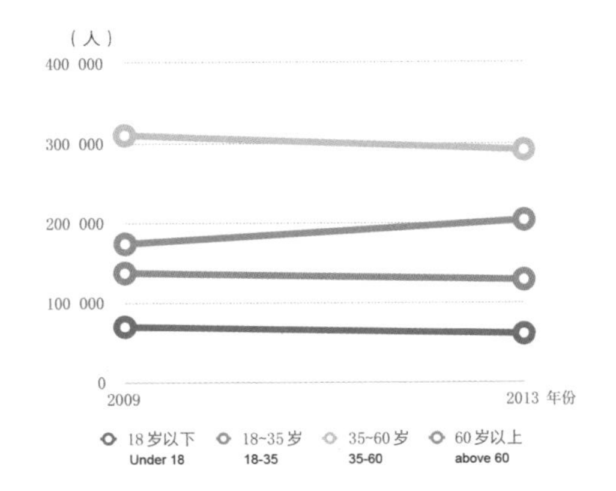

年龄	2009年	2013年
18岁以下（人）	69 568	60 152
18~35岁（人）	137 032	128 005
35~60岁（人）	309 928	291 137
60岁以上（人）	173 679	202 833

[5]

[4] 崇明岛人口数量变化
[5] 崇明岛人口年龄结构变化

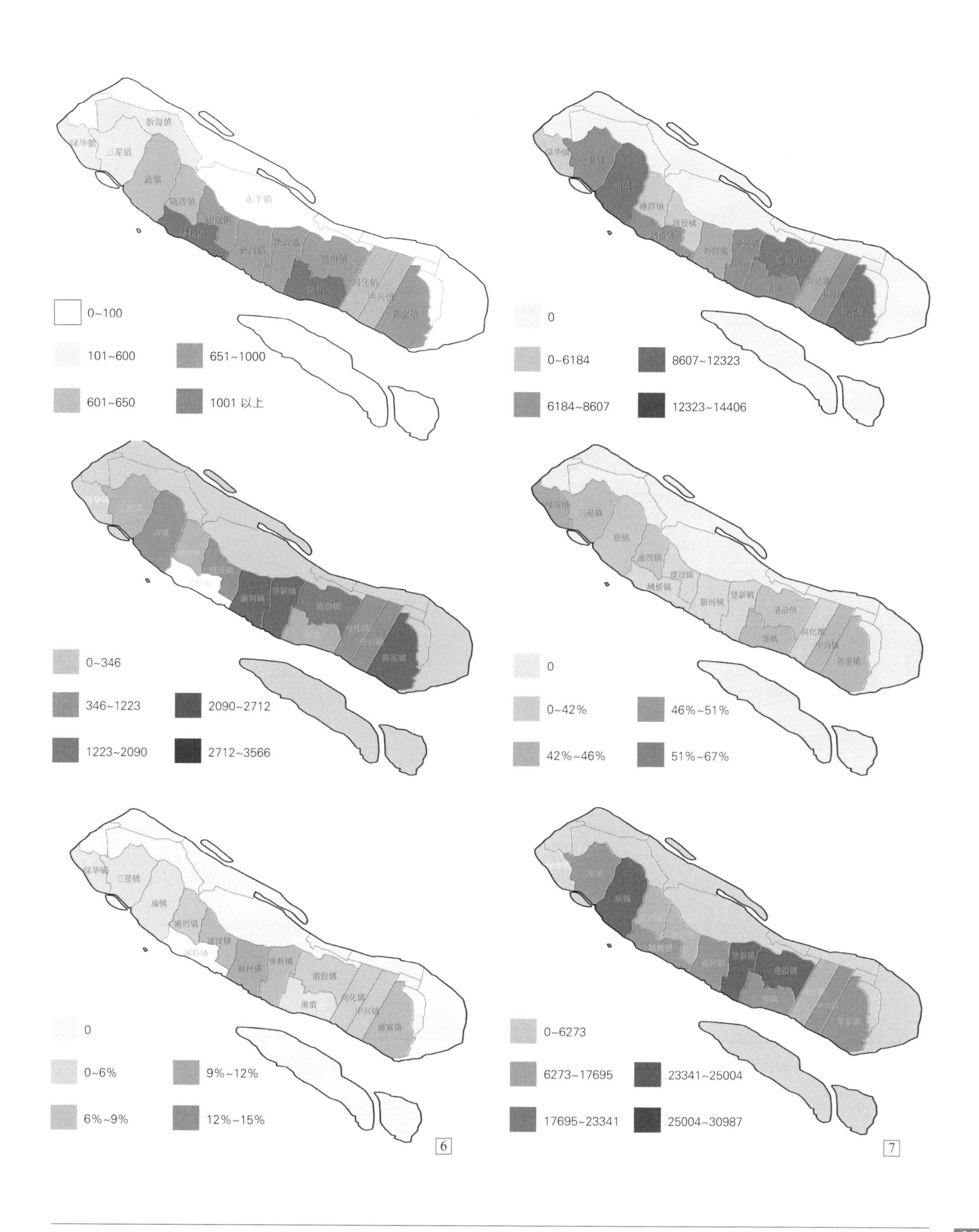

6 崇明岛人口基本情况，自上而下分别是：
- 现状人口数量分布（人/平方公里）；
- 外来人口数量（人）；
- 外来人口比重

7 崇明岛产业人口基本状况，自上而下分别是：
- 从事二产、三产的人口数量（人）；
- 从事第一产业的人口比重；
- 从事第一产业人口数量（人）

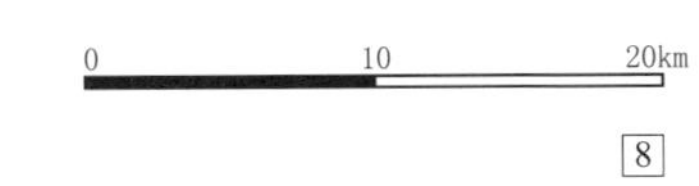

8

8 崇明岛人口密度分布（人/平方公里）

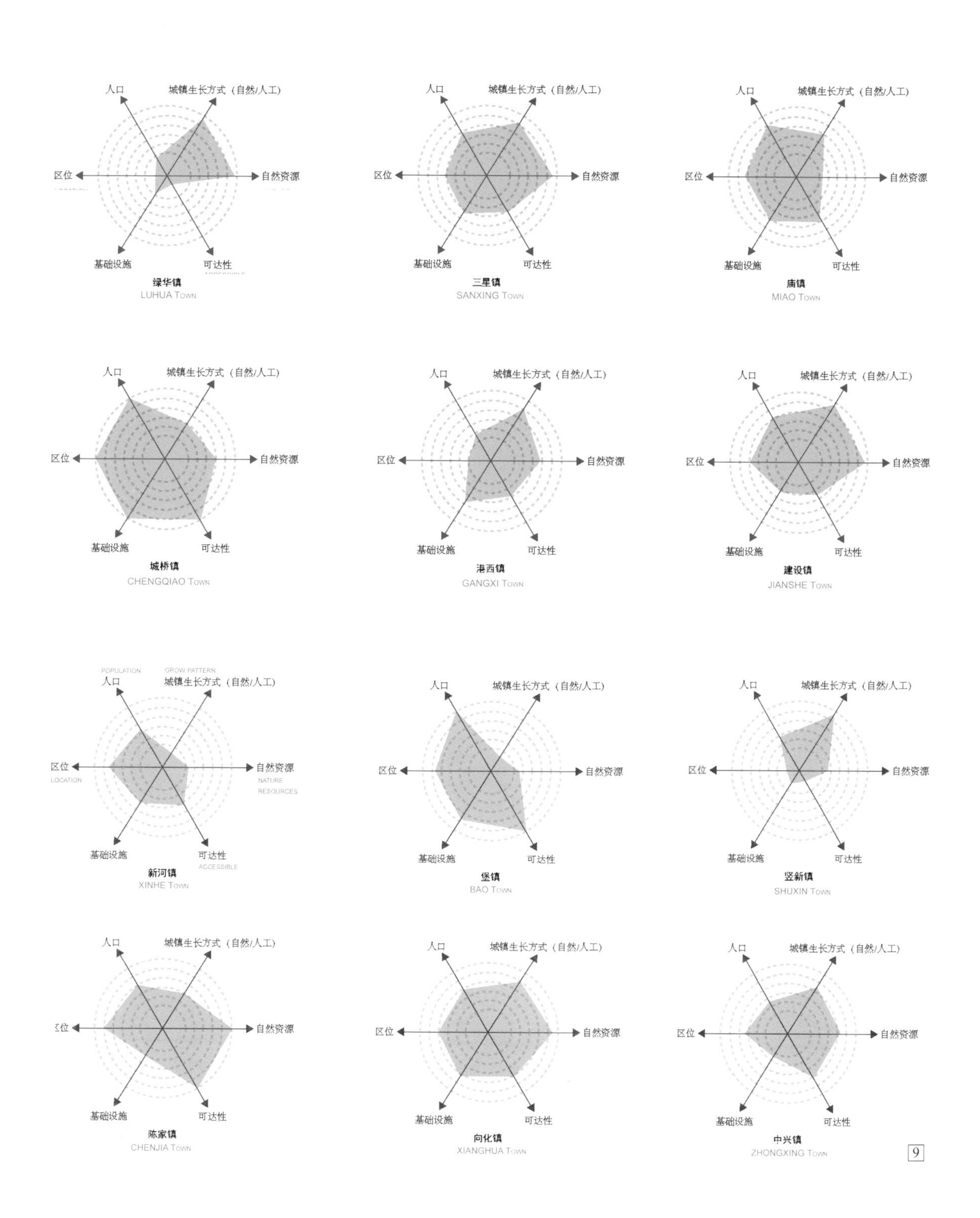

9 各城镇发展影响因子雷达图

生态敏感性及农业发展

基于GIS及文献研究，我们从土壤及水环境敏感性相关研究出发，对崇明岛整岛的农业生产状况进行了简单地梳理。

图11是在文献研究的基础上对上述状况所做的图解呈现，图中清晰地呈现了崇明岛土壤及水环境敏感性的空间分布。图中可见崇明岛自南向北盐渍化程度逐渐递增，北侧大型国有农场所辖区域近30%的土地属于土壤盐渍化高度敏感区，相比较而言，南侧无论是灌溉条件还是耕种条件都非常优越，这使得崇明岛成为上海地区重要的蔬菜产地。在所辖的13个行政镇中，位于陈家镇以西的中兴镇，蔬菜年产值最高，而农业机械化水平最高、所辖镇域面积较大的陈家镇则位居第四位，这体现出了陈家镇城镇发展状况、产业格局与其他乡镇的差异。

除此之外，为了提升岛内整体生态环境，自2000年起，崇明岛有意识地减少农业用地、增加非农业用地，尤其是林地的规模，至2010年，全岛的农业用地与林业用地趋于持平，以林地为表征的小型生态斑块已经初现。

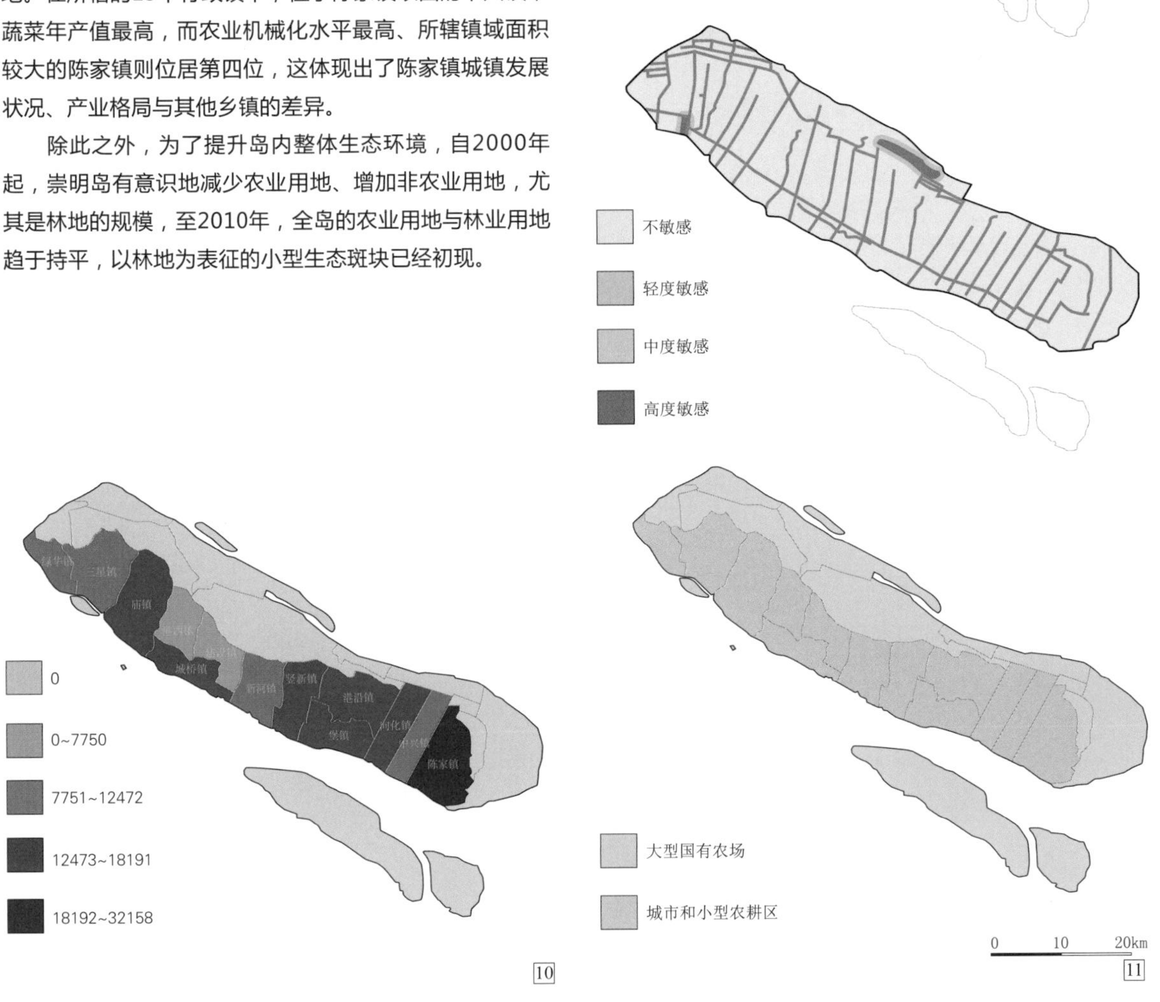

10 崇明岛农业机械化程度空间分布示意图（数据由GIS生成，单位：亩）
11 崇明岛土壤及水环境敏感性分析。自上而下分别是：
- 崇明岛土壤盐渍化程度空间分布示意图；
- 崇明岛洪涝敏感性空间分布示意图；
- 崇明岛农业生产方式空间分布示意图

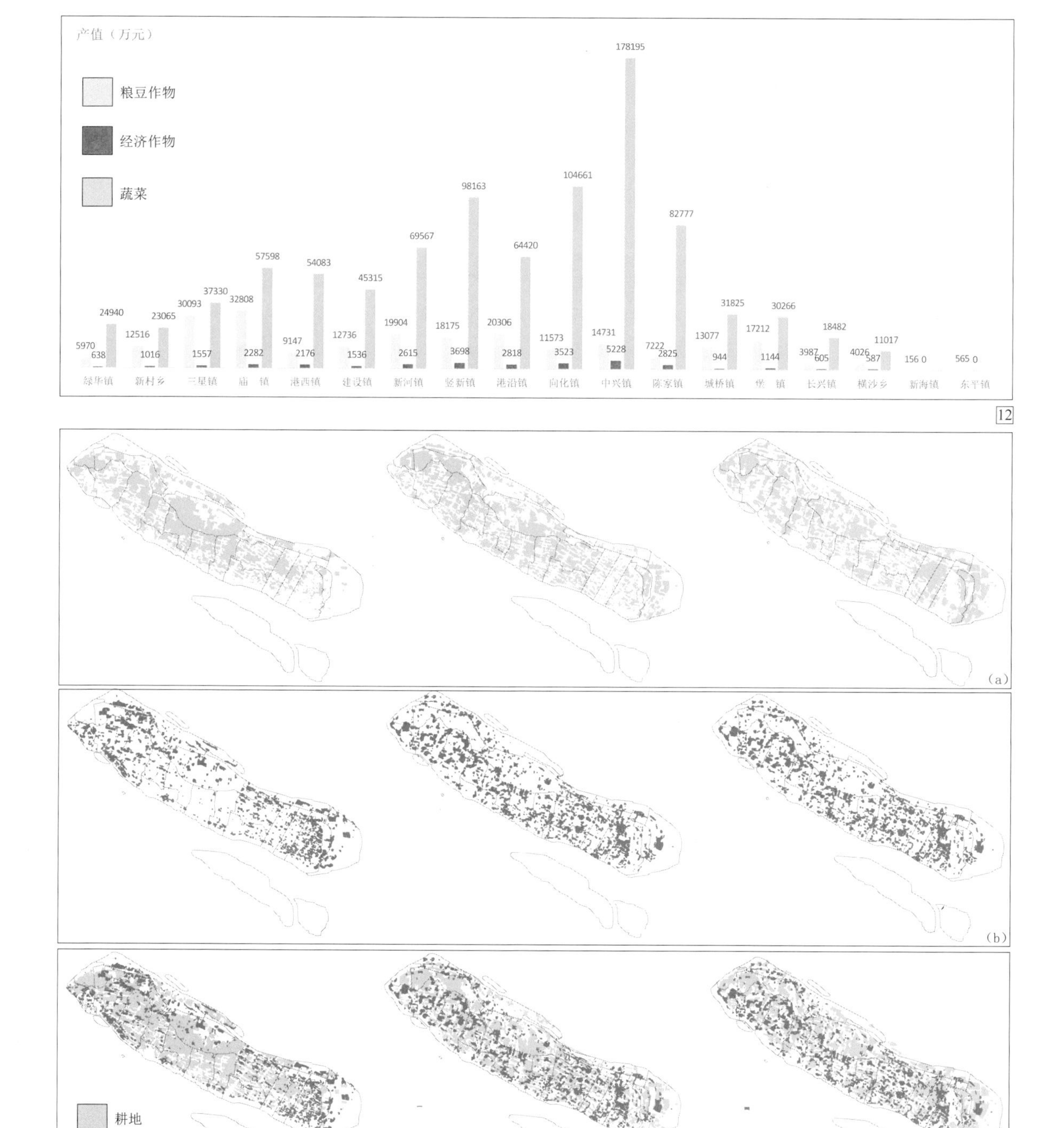

12 2013 年粮食与蔬菜产量（资料来源：崇明统计信息网 – 统计年鉴）。

13 农业用地比例现状。自上而下分别是：

（a）2000—2010 年耕地逐年减少；（b）2000—2010 年退耕还林，林地增多，非农用地增多；

（c）2000—2010 年用地总体趋势，农业、非农业趋于持平

生态敏感性及物种多样性

随着研究的深入，崇明岛的生态现状成为研究的重点，在文献研究的基础上，我们发现崇明岛整体的环境纳污能力状况较好，但城镇化水平较高的堡镇则较差，处于纳污的满载边缘。情况堪忧的还有同样发展较快的城桥镇。这意味着崇明岛现有城镇的发展方式并不适于生态环境的建设。而陈家镇因为发展相对较慢，且地处自然资源极佳的崇东片区，环境整体状况保持得还较好。人类支持力方面，崇明岛基本上处于低下状态，这主要源于崇明岛的产业结构以及生产效率。资源供给能力方面，崇明岛大部分地区已处于可载或满载的状态，土地条件、森林资源以及旅游资源成为不同区域资源供给差异的主要影响因素，陈家镇现状是濒于满载。

综合上述研究，崇明岛被划分为四类生态敏感区域，分别是：轻度敏感区域，主要为各类建设用地；中度敏感区，主要为耕地、林地、园地等具有一定经济生产功能的用地；高度敏感区，主要位于主河道附近区域，易受到洪涝威胁并容易发生水土流失的区域；极敏感区，主要指东滩湿地、东平国家森林公园等，主要为湿地、水体、成片森林的区域。

以此为基础，我们将物种多样性的研究与生态现状的研究相结合，通过对鸟类、哺乳动物、两栖动物迁徙路径的研究，进一步分析了崇明岛水网系统、林地系统、城镇建成环境之间的空间位置关系，将物种多样性作为衡量崇明岛生态水平的重要评价指标，来重新审视崇明岛的生态系统性并评估其发展潜力。

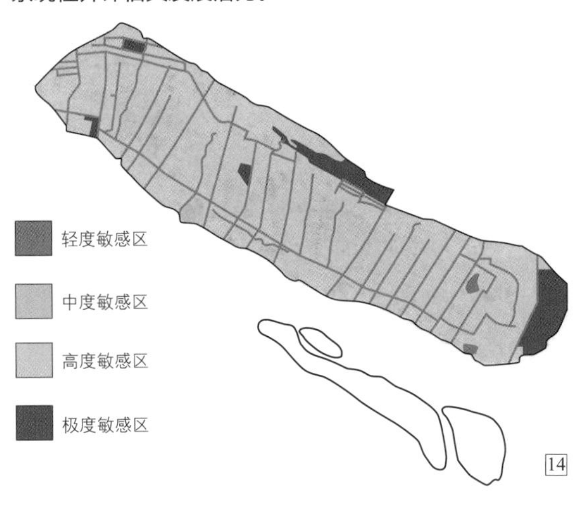

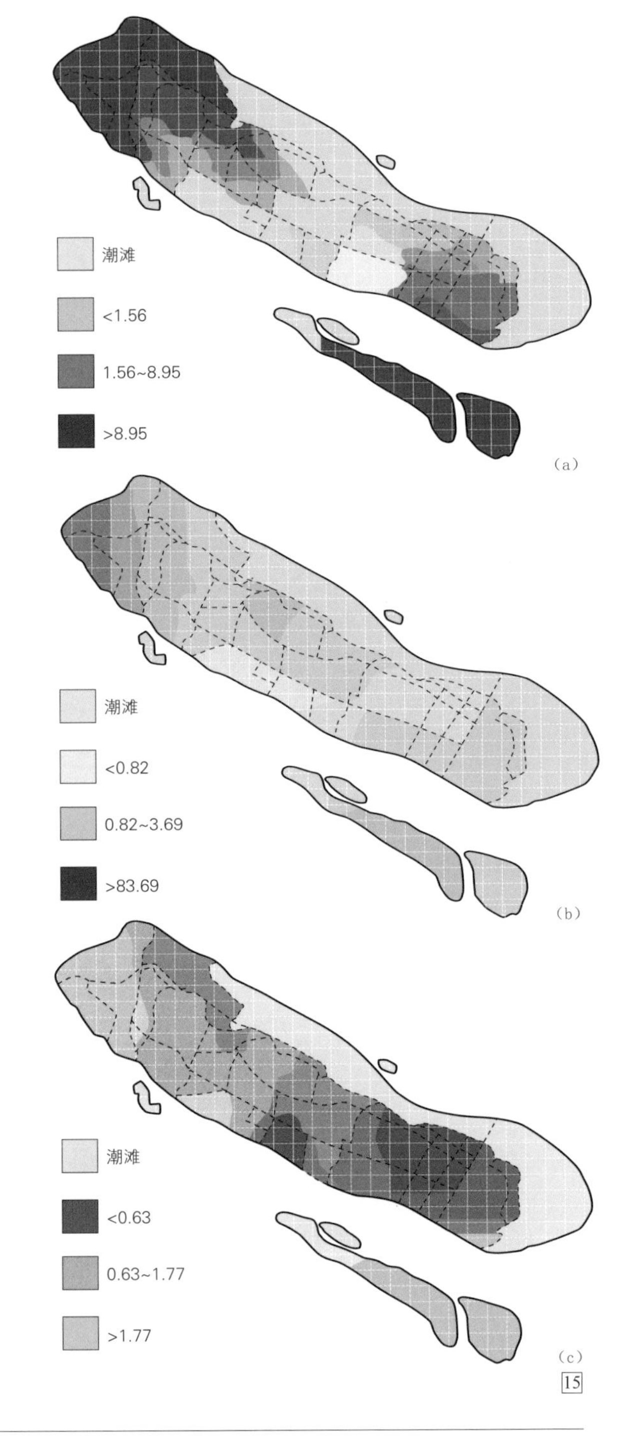

14 综合生态敏感性评价空间分布示意图（改绘自：陈乐天，王开运．基于上海市崇明岛区生态承载力的空间分异 [J]. 生态学杂志，2009（4））

15 崇明岛生态现状分析。自上而下，分别是：
- 环境纳污能力空间分布示意图；
- 资源供给能力空间分布示意图；
- 人类支持力空间分布示意图

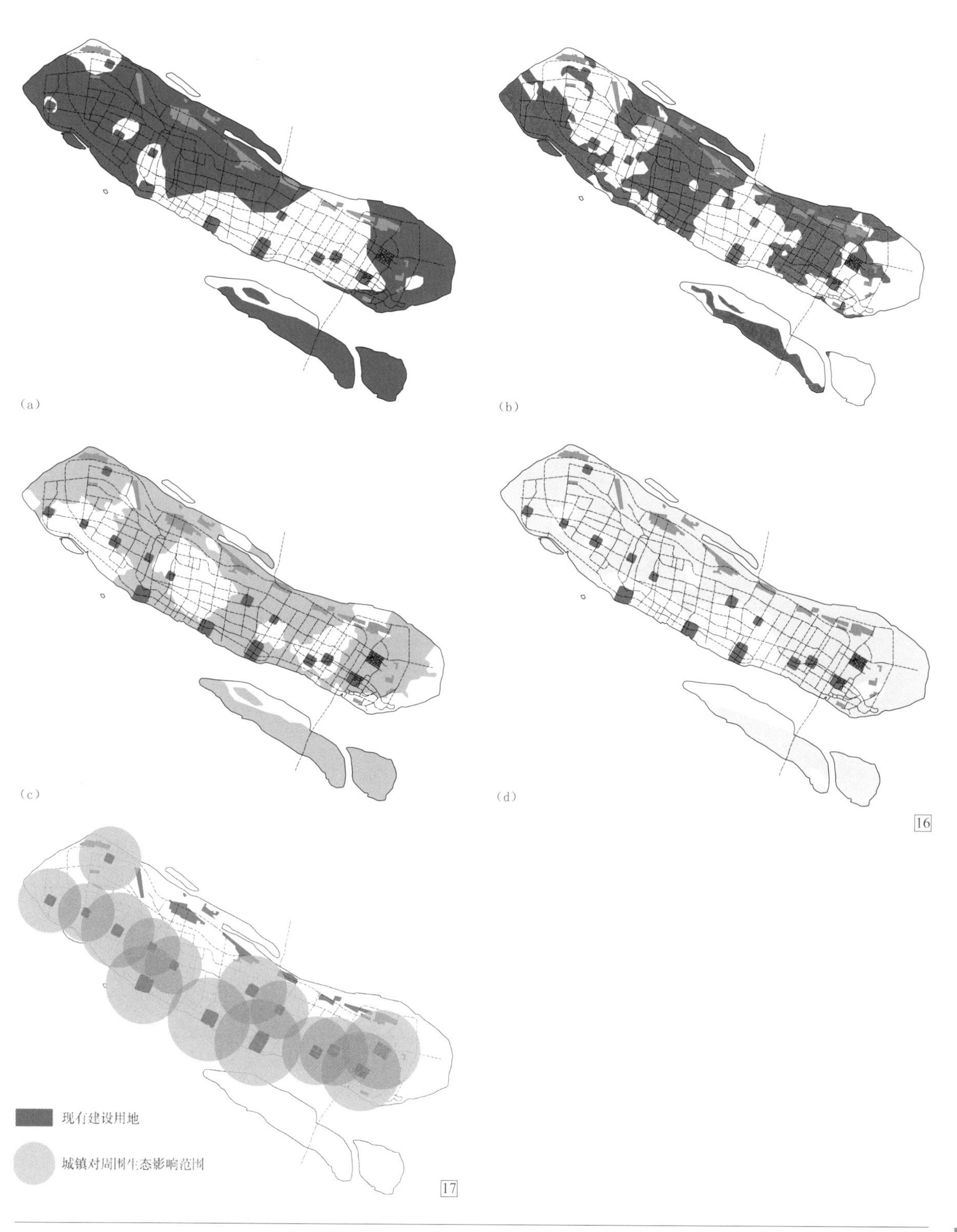

16 野生动物分布与城镇建成区空间关系图（改绘自：姜姗. 上海崇明城镇陆生野生动物分布特征与廊道规划研究 [D]. 华东师范大学，2009）
（a）水鸟；（b）哺乳动物；（c）林鸟；（d）两栖动物

17 城镇生态影响范围示意图

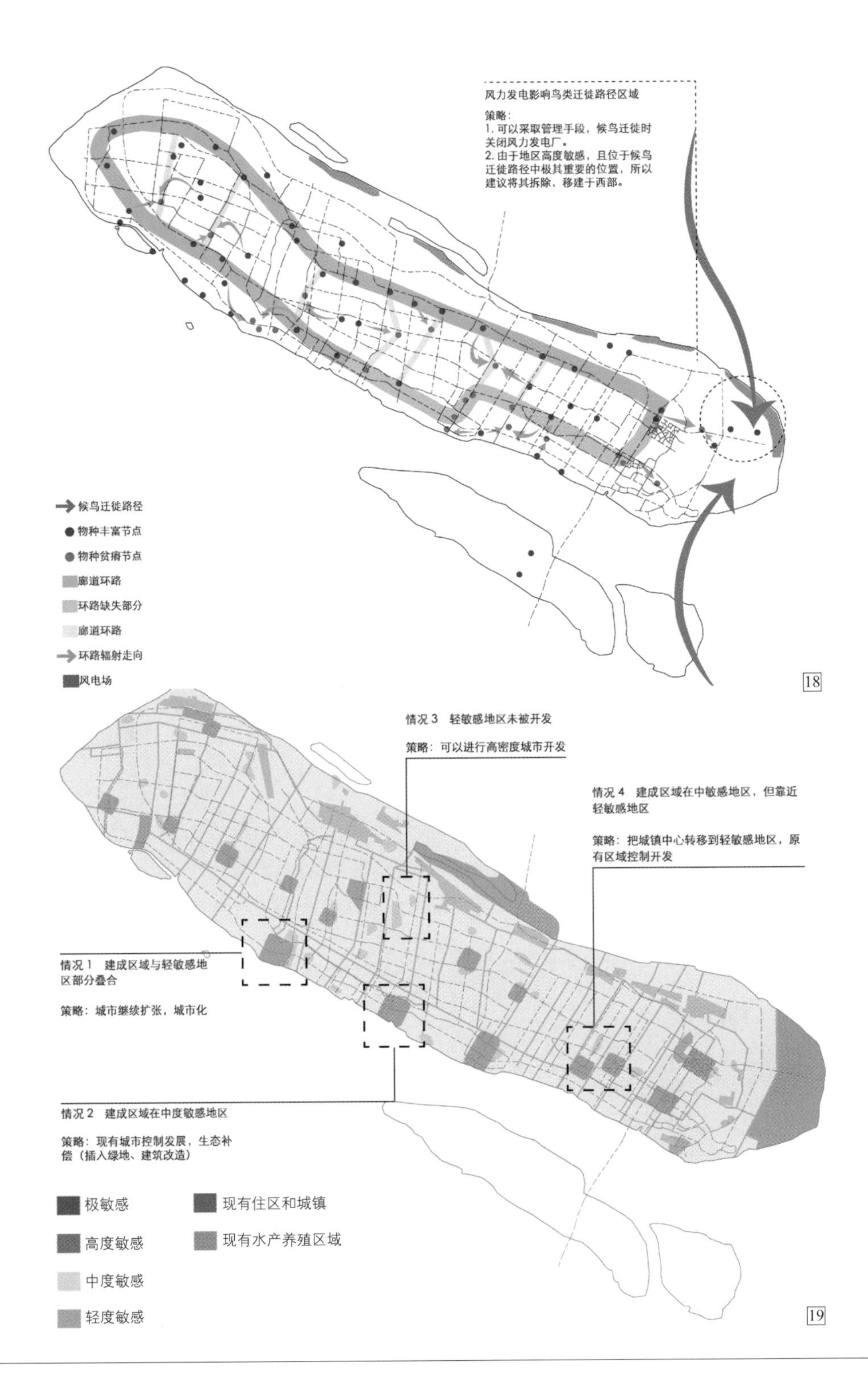

18　风力发电对野生动物分布与迁徙走廊的影响
19　现状城镇与生态敏感区的叠合分析

21

22

基于上述研究，笔者尝试从三个层面对崇明岛的自然生态现状以及社会生态现状所存在的问题进行归纳总结。这三个层面包括自然生态系统、社会发展现状、自然系统与经济社会发展之间的矛盾。

首先是自然生态系统遍布整岛的水网系统并没有充分发挥其连通、疏浚、自净乃至促进生态网络构建这些基本功能。譬如，河流径流的减小加剧了河道的沉积，致使很多区域的小型灌溉渠不连不通；崇明岛北侧海水的倒灌加剧了土壤的盐渍化程度，并对相对封闭的岛内水网水质产生了一定的影响；与此同时，现状水网系统与林地、湿地之间的全流域生态系统关系还有待梳理，水网的功能被狭隘地定位为灌溉及疏浚。

其次是社会发展现状。人口老龄化、青壮年劳动力流失成为崇明岛当前所面临的最为严峻的社会问题，而这一切都与崇明岛落后的基础设施以及包括教育、医疗卫生等在内的社会配套公共服务设施的缺位、产业结构、就业岗位的局限不无关系。

最后是自然环境与经济社会发展之间的矛盾。这几乎是崇明岛的核心命题，究竟是发展还是保护？岛内居民热切地期望着能够借助城市化的发展进程，改变现状。然而城镇的盲目蔓延必然摧毁已经日益脆弱的自然或社会生态系统，这意味着一直以来依靠城市建设用地的扩张推进城镇化快速发展的模式在崇明岛是不适宜的。与此同时，作为崇明岛支柱产业的农业也远远没有达到生态农业发展的目标，对杀虫剂、化肥的滥用使得崇明岛的水体、土壤遭受到污染……这些都是需要从生产方式、方法乃至发展思路上进行改进的具体内容。

20 自然生态系统
21 社会发展状况
22 自然环境与经济社会发展

尺度

生态城市设计方法

/ 从量化到管理：生态城市设计的多维度思考与方法

/ 基于有机聚合理念的生态城市设计方法

从量化到管理：生态城市设计的多维度思考与方法

刘泓志

全球城市急速扩张导致生态环境日益恶化，严重阻碍了城市运营的良性发展。因此，运用多维度的思考方式对城市未来的发展建设进行深入探讨，从气候变迁下的全球城市经济影响量化报告，到采取行动积极应对气候变化所带来的挑战，并运用科学合理的量化评估方法以及规划设计手段打造可持续发展的生态城市，是21世纪全球城市发展的重要议题。

关键词：生态城市设计；碳排放披露项目；韧性城市；SSIM™

1 引言

亚里士多德曾说："人们来到城市是为了生活，人们居住在城市是为了生活得更好。"全球性的城市扩张在推动经济飞速发展的同时，也对我们生活的城市环境造成了日益严重的负担，气候变暖、环境恶化、能源过度消耗等问题严重阻碍了城市运营的良性发展。因此，如何运用科学合理的规划设计手段和方法打造可持续性发展的生态城市，成为21世纪全球城市发展的一项重要议题。

本文以全球的视角对城市形态与生态进行观察分析，并通过对生态城市的概念思考与要素界定，以及瑞典、美国、日本、新加坡等世界生态城市建设经典案例研究，对生态城市设计进行多面向思考。此外，本文从气候变迁下的全球城市经济影响量化报告、AECOM全球100个韧性城市建设以及可量化评估的整合性生态城市规划设计方法——SSIM™模型等方面，介绍AECOM在全球生态建设中所做的积极贡献，以及针对生态城市设计所运用的多维度思考与方法。

2 全球视角下的城市形态与生态

我们赖以生存的城市仅占地球表面积的2%，却容纳了全世界53%的人口[1]，约37.76亿。随着农村人口不断涌入城市，这个数字也在不断地攀升更新之中。城市过速扩张对城市的经济和社会发展均产生了严重的负面影响，"城市病"日益凸显，人口膨胀、环境恶化、交通拥堵、住房紧张、就业困难、犯罪率居高不下、贫困人口不断增长，这些都将会加剧城市负担、制约城市发展、不利于人们的身心健康。据联合国统计，1997—2002年，世界绝对贫困人口从10亿增加到了12亿[2]，有大约33%的人口至今仍旧居住在城市的贫民窟中。城市环境日益恶化也对人们身心健康构成了严重威胁，城市人口罹患癌症与抑郁症的几率逐年上升。此外，日益增长的城市人口对能源的需求消耗

作者介绍：刘泓志，AECOM高级副总裁，大中华区战略与发展负责人，大中华区城市策略咨询负责人

不断增加，能源过度消耗导致资源紧缺与城市生态环境不堪负荷，世界75%的二氧化碳排放由城市产生[1]，由于生活方式的差异，城市人口对能源消耗是农村人口的3倍[3]。

过速的城市化进程不仅仅表现为城市空间横向与纵向的急遽扩张，也体现在社会财富与权力的极度膨胀以及大都会人口的快速聚集与流转。因为缺乏合理的规划和有效的管理机制，摊大饼式的城市化建设容易导致城市形态的同质化。由于缺乏城市的认知度和标示性，千城一面的发展窘境也对城市的社会形态和社会肌理造成了严重的冲击，揭示了快速发展城市的质量断层，空间停滞更带来了城市生活质量的严重倒退，造成城市资源供需失衡、城市边界划定生硬与社会藩篱凸显等城市问题。

3 生态城市的多面向思考

城市过度发展、能源急遽消耗导致资源耗竭、全球城市生态环境的日益恶化。1962年美国海洋生物学家蕾切尔·卡逊发表了《寂静的春天》一书，书中描绘了由于农药污染环境，人类可能面临的一个万物颓败、没有花香、没有鸟语的未来世界。此书的问世标志着人类首度关注环境问题，在世界范围内引起了公众对生态环境的高度关注，迫使人们对城市过速扩张与无序建设进行深刻地反思。

3.1 生态城市的概念思考

20世纪70年代，在联合国教科文组织发起的“人与生物圈”（MAB）计划研究过程中提出了“生态城市”的概念，受到全球的广泛关注。

那么，生态城市究竟是一座怎样的城市呢？是一座拥有大量绿色空间的城市？一座可以合理控制污染排放的城市？一座可以优先使用再生资源的城市？还是一座高生态指标的城市？

生态城市应该是一个完整而高效的城市生态系统，这个城市生态系统应包含除自然生态以外的多面向维持城市运营的各种体系。它们之间的动态关系和应具备的抗变韧性是一座生态城市的核心。此核心功能必须在不滥用地球资源和不透支城市未来发展的前提下，仍能满足市民的各种生活需求。

通过对生态城市认知的不断深入探索，我们认为一座生态城市应该具备“交流”“公平”“特质”“环保”“安全”五大特性。我们理想中的生态城市首先应该是一座交流的城市，“交流”应充分体现在公共交通、讯息分享、便捷可达等三方面，为城市的运作与人们的沟通创造一个没有隔阂阻碍的交流互动空间；其次，生态城市应该是一座公平的城市，具体表现为机会平等、关注公益、社会正义等三方面，为城市的未来提供一个公正和谐的发展契机；再次，生态城市应该是一个特质的城市，城市的“特质”应着重体现为尊重本土文化、反映当地生活和创造场所记忆，通过寻访、探索和挖掘城市的历史记忆与文化符号来重塑城市自身的独特气质，提升城市的认知感与标示性；此外，生态城市还应该是一座环保的城市，注重自然环境保育、对城市资源进行协调管理、加强城市绿色基础设施的建设，运用低碳生态的理念与技术打造城市清新怡人的自然环境；最后，生态城市更应该是一座安全的城市，通过确保城市灾后重建能力、加强城市应急系统的建设，提升城市危机管理，在提高城市发展韧性的同时，为城市居民创造一个安全舒适的生活、工作、学习环境。

3.2 生态城市的要素界定

作为城市未来发展蓝图的绘制者，城市规划师在进行规划设计之前，应首先着眼于大局，从城市的自身特点出发，结合各项规划要素，对城市的规划发展目标进行一个完整的、系统性的战略思考。

生态城市的规划要素应从“经济生态”“自然生态”“社会政治生态”和“人文空间生态”等四方面进行全面考量，在规划中做到相互融会贯通、守望互助。生态城市规划的本质是创造一个人与城市、人与人、经济发展与环境保护和谐互融的城市聚落。

与传统城市凸显经济发展、片面追求GDP增值而忽略城市环境治理不同，生态城市的建设更着眼于“经济生态”的和谐发展。“经济生态”有别于传统的经济发展，是将环境因素归纳到城市经济运行之中，在提升经济效益的同时，关注经济发展给环境带来的负面影响，并运用科学合理的规划手段与方法，将保护自然生态环境作为城市经济发展链的重要一环，结合城市的社会政治生态与人文空间生态，创造一个城市特有的生态循环平衡系统。在维护城市生态环境的同时，也为城市创富，以良好的城市生态环境的塑造，提升城市吸引力和认知度，增强城市的安全性与舒适性，以此推动城市可持续性发展良性循环。

3.3 生态城市规划设计的案例

经历了20世纪70年代的石油危机，欧美许多发达国家以及日本、新加坡等纷纷开始了生态城市建设的探索与发展，如瑞典马尔默、美国伯克利、新加坡以及日本北九州等城市，为世界生态城市的建设实践树立了典范。

3.3.1 瑞典马尔默

20世纪欧洲造船业全面衰退之际，大批企业从马尔默西港区撤离或倒闭，26个工种的消失使马尔默的工业基础几乎被完全废弃，整个城市萧条不堪。当时的马尔默以30%的失业率高居瑞典首位，这座曾经以造船业辉煌一时的工业城市面临着前所未有的危机。

生存危机迫使马尔默市毅然决定进行城市功能转型，大力推进生态城市建设，以寻求新的发展契机。1995年，马尔默市提出将原先废弃的西港区改造成为低碳生态的友好型住宅新区的设想，此项目荣获2001年欧盟颁发的“推广可再生能源奖”。

马尔默市提出到2020年，整座城市将实现100%零碳排放，到2030年，全城将100%使用可再生能源的生态发展目标，并建立起一套弹性的、可实施的生态城市指标体系，指导城市的建设与运行。该指标体系以生态友好、经济高效以及社会和谐为发展目标，涵盖空间、能源、资源、交通、产业、服务等城市运营管理的各个方面，并可结合实际运行情况进行灵活调整。

为实现以知识推动经济发展、环境保护与城市经济共同繁荣富强的目标，马尔默市还专门设立了一所大学，并开设了城市环境学、清洁能源技术等学科，每年向城市输送大批环保专业人才，助力城市的生态发展建设。城市良好的生态环境也吸引了众多清洁能源技术以及高新科技企业来马尔默市投资。知识密集型企业代替了废弃的制造业工厂，建立在新能源、交通运输、废物回收、城市规划、水源供应和与绿色区域相关的可持续性发展项目上的转型，使马尔默成功发展为一座兼顾环保与创富的可持续发展城市。[4]

3.3.2 美国伯克利

面对现代城市出现的诸多发展弊端，1975年起美国生态学家理查德•雷杰斯特在伯克利发动了一系列“生态城市”的改造运动，通过调整能源利用结构与改善城市空间结构，伯克利一步步迈向生态城市的发展目标，并于1992年促成美国政府实施伯克利生态城市建设的计划。

恢复城市原生态环境是伯克利生态建设的第一要旨。伯克利没有采取大面积的种植绿化植被的手法，而是通过疏通区域内大面积溪流、建立有效的流域管理机制，控制污染排放，发展边缘保护，以统筹管理的手段协调生态城市建设与周边区域发展，在整体生态格局下实现城市污染排放共治，并设置环城绿带、分级生态空间，抑制城市无序蔓延，最大程度地改善了城市的自然环境。[5]

3.3.3 日本北九州

随着20世纪50年代后期日本经济政策和发展战略的转向，北九州的“立市之本”——以煤炭、钢铁、化学为代表的重工业遭遇了衰退，其主导产业，如造船、炼钢、炼铝、化肥等均被划定为“结构萧条型产业”，整个城市的经济一落千丈，失业率居高不下。为此日本政府陆续发布了一系列政策法规，引导能源产业结构转型与跨行业高技术化发展，循序渐进地推进北九州地区的产业转型，并以利好政策吸引投资者前来入驻建厂，发展新兴产业。同时建立法令性节能条例，提高能源使用效率。1971年，北九州市先于日本中央政府成立了地方环保局，并制定了比国家规定更为严格的“北九州市公害防止条例”，为城市的生态建设奠定了坚实的法律基础。

1996年开工建设的“学术研究城”，给北九州地区的产业创新提供了智力支撑。目前，吸引了包括日本早稻田大学、德国国立信息处理研究所、英国克拉菲尔德大学、新日铁公司等在内的8个研究机构和40家高新科技企业入驻，在机器人、半导体、汽车、陶瓷、生物以及生态环保等领域开展联合研究。

此外，为了对城市实施根本性的循环经济改造，政府在北九州地区策划并实践了ECO-TOWN工程，在充裕的财政支撑之下，推行以政府、企业、社区、市民各方联合治理的模式，加强环境教育，并积极推进国际间的交流与合作。通过城市设计和经济生态模式优化、完善基础设施建设、最大化提升城市对资源和能源的利用效率，北九州已经由世界500座环境危机城市之一，成功转型发展为一座享誉世界的生态城市，并于1990年成为第一个获得联合国环境规划署“全球500佳”的日本城市。[6]

3.3.4 新加坡

新加坡把建设“花园城市”作为基本国策，整个城市的绿地率为50%，绿化覆盖率为70%，人均公共绿地面积更是达到25m²，显著高于其他发达国家的主要城市。

在城市建设中，新加坡政府采取了一系列先进合理的生态规划方法，寻求精明增长的开发模式，推动城市可持续性发展。为了避免人口与城市建筑过度集中于主城区，新加坡采用多中心组团开发模式，有效地避免了污染、拥堵、破坏生态环境等“大城市病”的产生。在居住和产业空间布局规划中，政府采取了高层高密度的建筑开发模式和集约式产业园区的建设模式，在有效节约土地资源的同时，也实现了城市空间的可持续发展。

新加坡建立了完善便捷的交通网络和先进的交通运输管控体系，以公共交通为优先，将中心城区与周边次中心地区有效地连接起来，最大程度地提高了交通运输效率。在市政基础设施建设方面，新加坡积极推行地下综合管廊的建设，在道路工程中对各种地下管线系统进行同步设计、同步建设，在提升施工效率的同时，也大大地降低了建设成本。在城市垃圾处理方面，新加坡化废为宝，将90%的垃圾焚化用以发电。[7]

此外，新加坡的生态发展与城市智慧建设息息相关，政府利用大数据、GIS信息系统对城市的运行管理实施动态监测，并进行系统化、智能化管理与调节，使城市运营更为高效合理。

4 气候变迁下的全球城市经济影响量化报告

气候变化是21世纪城市发展所面临的一项重大挑战。城市的发展建设与气候变化紧密相连，面对气候变化，全球城市，尤其是发展中国家城市民众的生活环境每况愈下，城市自然生态环境愈发脆弱。全球总资产的80%由城市产出，气候变化对城市经济发展影响巨大。2013年美国因寒冬遭受了数十亿美元的经济损失，澳大利亚也遭遇了有史以来最炎热的两年，而英国因经历了数百年来最潮湿的冬天，致使其保险行业损失超过了十亿英镑。在2014年回复英国碳信息披露项目（Carbon Disclosure Project，CDP）问卷的企业中，有超过四分之三的企业披露其面临着气候变化带来的物理风险。[8]

应对气候变化需要社会各方的积极行动以及公共部门和私营部门的共同参与。由AECOM领先参与的碳排放披露项目CDP作为国际性的非营利组织，通过市场的力量鼓励城市和企业主动披露它们对于环境和自然资源的影响，并促使它们采取积极的应对行动来减少负面影响的产生。[9]

CDP拥有全球最大的关于气候变化、水和森林风险的信息数据库，并将这些信息运用于战略性商业投资和政策决策核心之中，引导城市和企业在兼顾社会责任的同时，也能够在日益变化的经济形势和城市发展中立于不败之地。每年，CDP均会发布碳排放披露项目全球报告CDP

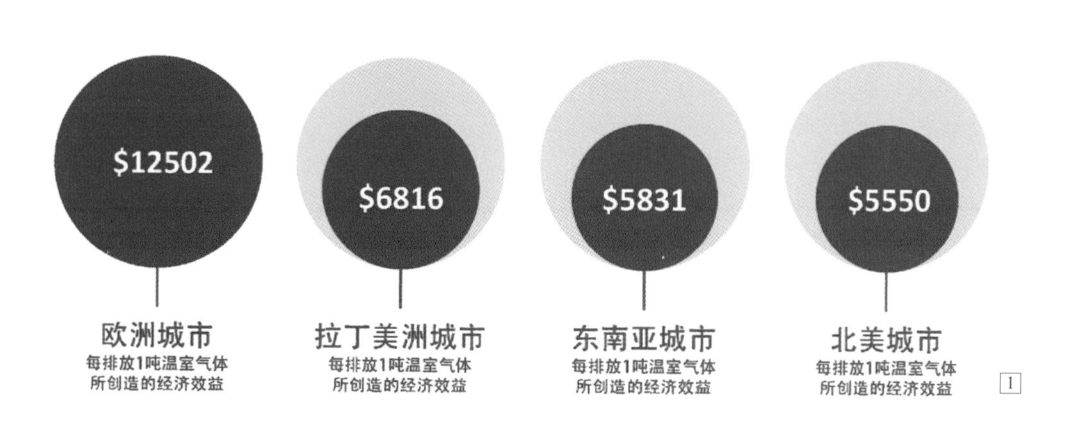

1 温室气体排放的经济效益

Global Report。截至2015年2月1日，CDP拥有822个管理资产总额超过95万亿美元的机构投资者、66家供应链成员，81%的世界500强企业支持回答CDP问卷，超过5000家企业通过CDP报告碳排放信息。在中国，有100多家企业通过CDP发表碳排放报告。[10]

目前，全球越来越多的城市积极参与到碳排放披露项目之中，以气候变化为主导，在保护人们不受气候变化影响的同时，也为城市商业发展拓展更多的韧性空间。自2009年起，丹佛、伦敦、马德里、杜拜和台北等城市碳排放减量共计1310万吨。至2014年，全球参与CDP的207个城市采取的应对气候变化行动共计757项，均取得显著地成效。作为气候应对措施最为积极的实践者，欧洲城市每排放一吨温室气体可产生的经济效益高达12502美元，城市运营效率远高于拉丁美洲（6816美元）、东南亚（5831美元）以及北美（5550美元）各城市（图6）。

由城市领导的应对气候变化行动助长了城市经济韧性，使城市发展更为高效和富足。伦敦、新加坡、纽约、圣保罗等城市结合自身发展特点，制定了有效的应对气候变化行动。以伦敦为例，城市提出“节能” + “高效利用” + “清洁能源”的能源发展规划，通过规划系统显著提高了城市建筑对抗洪水、高温、海平面上升等气候问题的韧力。在应对气候变化行动中，新加坡政府通过提供信息和指导策略促成国民社会责任感的养成，并投资大型排水系统的改造工程以提升城市抵御洪水的能力，为民众与企业创造了一个安全的城市环境。在纽约，政府意识到，如果城市的关键基础设施受到气候变化带来的冲击而导致停电和运输延误，将对城市的正常运营造成严重影响，阻碍城市经济发展。因此，纽约市政府通过制定激励政策来鼓励经济活动，与民众和企业共同对抗飓风、洪水以及海平面上升等气候问题，增强城市的抗灾韧力，提升城市安全性；而在巴西的圣保罗市，阻碍城市发展的最大气候变化问题是干旱和暴风雨。在出现暴雨的极端天气事件中，引发的洪水灾难会对圣保罗市中心高速公路产生一系列严重的负面影响，导致城市公共交通系统部分瘫痪。此外，暴风雨气候也会影响能源供给，造成城市大面积停电。因此，圣保罗市加大力度提高城市基础设施建设投资，以对应气候变化对城市运营中造成的灾难性影响。

综上所述，增强对应气候变化的适应性已经成为了21世纪提升城市竞争力的一项重要评判指标。

5　AECOM全球100韧性城市

城市的发展时常会遭遇一系列紧急巨变，如飓风、洪水、高温、火灾、危险品事故、龙卷风、强风、恐怖主义袭击、疾病爆发、骚乱以及基础设施或建筑故障等突发事件，对城市的运营产生巨大的影响。英国伦敦Lloyd’s保险市场对全球301个大城市在未来10年面临18项灾害威胁的承受能力进行了评估，并发布了《2015—2025城市风险》报告。报告显示，未来10年地球表面最脆弱的10座城市分别是台北、东京、首尔、马尼拉、纽约、洛杉矶、伊斯坦堡、大阪、上海以及香港[10]。在这10座城市中，有8座城市位于亚洲。而台北则以灾损预计1812亿美元位列第一，成为全球受到灾害威胁最严重的城市。研究预计，台北逾六成的灾损耗费将来自风灾和地震，防灾应变刻不容缓。[11]

除紧急巨变外，居高不下的失业率、贫穷与社会不公、房租负担过重、干旱缺水、环境恶化、基础设施老化、城市海平面上升和海岸侵蚀、食品短缺、水污染、经济下滑以及犯罪率等问题也使城市处于长期重压之下，严重阻碍城市良性发展。因此，如何提升城市对抗灾害性突发事件的应变能力以及长期面对重压的韧性，成为评价一个城市综合实力水平的重要指标之一，韧性城市的理念由此孕育而生。

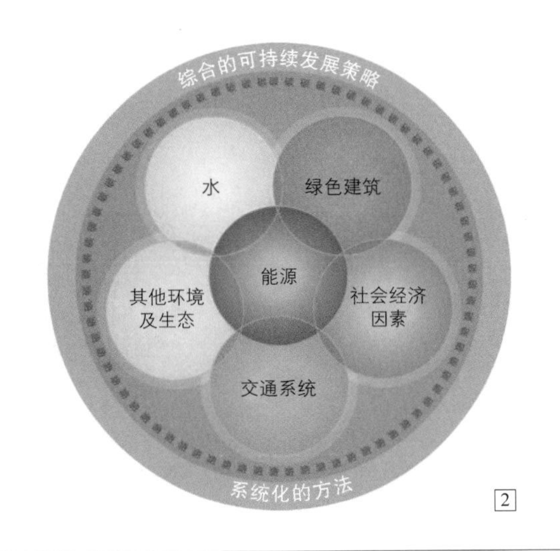

[2] SSIM™ 模型示意图

所谓韧性城市，是指一个城市在面对紧急巨变和长期压力情况下，维持基本运作功能和发展随之强大的应变能力。面对日益严重的城市问题和频发的自然灾害，如何提升城市的韧性和抵御灾害的能力成为当今全球城市发展的一项重要议题，韧性城市的发展受到越来越广泛的关注。AECOM在全球建设韧性城市行动中始终保持业内领军者的地位，以庞大的专家顾问团队、雄厚的技术资源支持以及业内卓越的声誉，积极参与推动全球100个韧性城市行动战略的顺利进行。该行动战略旨在评选出全球100座城市作为韧性城市建设的先行者，为全球城市在21世纪发展中更好地对抗所面临的冲击和压力树立成功典范。

全球100个韧性城市行动战略建立了一个完善的评估框架，通过“领导与战略”“基础设施与环境”“经济与社会”“健康与福利”等四大维度对城市的韧性发展提出全方位要求，并建立了12项指导方针以及50项具体指标，以此引导城市韧性建设顺利开展。此外，该行动战略也对这100座韧性城市评选设定了严格的参选标准，如参选城市必须是人口超过5万人且拥有地方自治权的城市，城市政府必须承诺全力支持韧性城市的发展并致力于韧性挑战的实施工作。荣获称号的城市将通过以下行动策略来推进韧性城市的发展建设：聘请一位首席执行官来统筹全球韧性城市的发展计划，主持并组织制订韧性城市发展战略，为战略的实施建立一个高效的服务平台，将100个当选城市组成全球韧性城市网络进行协同发展。

6　可量化评估的整合性生态城市规划设计方法

可持续发展理念在城市规划和节能减排领域派生出诸如生态城市、低碳城市、零碳社区、绿色建筑等新生的概念。低碳城市是欧洲国家，特别是英国研究的重点，一些低碳城市的研究和示范模型均已建立。在中国由若干研究单位和国内院校已经进行了宏观层面的研究，提出了一系列可持续规划理论指导，并建立了相关的国家标准。目前，全国各地很多生态类项目都存在着项目目标、实施手段与最终结果脱离失控的状况。而这类“生态”项目失控的一个关键原因，就是缺乏直观量化的科学工具指导规划设计和管理。

AECOM始终秉承可持续发展原则，对城市的规划发展模式进行深入长远地思考，以生态理念为引领，在项目规划的各阶段将规划内容与科学的模型分析方法合理地结合，使得综合规划方案自身带有降低对生态、气候和资源影响的特性，为城市规划项目量身定制可行性高、落地性强的节能、减排、节水方案，并且针对项目中的能源、水和交通等系统进行详细的模拟分析，有效提升建设阶段各项发展目标实现，协助业主制订具体实施导则。

这套可持续发展整合模型（SSIM™）是由AECOM开发的用于量化规划可持续性的系统模型。对于总体规划方案的各个组成部分，SSIM™将能给出理性的分析和建议，决定怎样组合这些部分才能在固定的成本和预算框架内使可持续性最优化。SSIM™的项目团队由AECOM的城市规划师和设计师、生态学家、交通工程师、建筑能源和服务工程师、水务工程师等顾问专家组成，为各个规划项目提供跨专业的综合专业评估与指导。SSIM™是一套整合型的模型，主要的模型架构是以核心模型和与之直接联系的子模型组成的网状结构为主。核心模型将各子模型的输出数据作为核心模型的输入参数进行分析计算。子模型包括水资源模型、能源模型、交通模型、绿色建筑模型、生态系统模型以及社会经济模型等。通过量化城市将达到的可持续性水平，SSIM™提出实现可持续目标的各项实际操作手段，并分析措施的投入产出状况，强调成本与效益分析，从而确保可持续发展的可行性和可操作性，是帮助决策者判断规划方案可持续性的有力工具。

7　结语

在世界城市未来的发展进程中，多维度思考与设计方法将在生态城市建设发展中扮演着越来越重要的角色。全球碳排放披露项目的实施增强了城市、企业与民众参与保护生态环境的积极性。此外，通过提升城市发展韧性与运用可量化评估的整合性规划设计方法，城市的建设管理将更科学、更理性、更完善，做到“经济生态”“自然生态”“社会政治生态”“人文空间生态”协同发展，真正成为一座兼具“交流”“公平”“特质”“环保”“安全”的生态城市。

参考资料

[1] 周国模. 倡导低碳生活[N]. 浙江日报，2010-3-5.

[2] 古平. 谈当今世界的两大趋势[N]. 人民日报，2002-3-28.

[3] 余飞. 乔润令：一个农村人口进城 能源消耗要增加三倍[OL]. 财经网，2013-03-31. http://www.caijing.com.cn/2013-03-31/112635686.html.

[4] 邵乐韵. 瑞典小城马尔默：昔日重工业城蜕变成为生态城市[OL].新民周刊，2010-12-29. http://news.eastday.com/w/20101229/u1a5638691.html.

[5] 武魏楠. 伯克利：全球最佳生态城市[J]. 中国能源，2013（1）：97-98.

[6] 周呈思.北九州是如何做到的？资源、环境压力下实现城市转型的成功样本[OL].大众日报，2014-03-19. http://paper.dzwww.com/dzrb/content/20140319/Articel10002MT.html.

[7] 新加坡：系统建设优化城市生态环境[OL].济源网，2013-05-09. http://eelib.zslib.com.cn/showarticle.asp?id=26043.

[8] CDP 2014中国100强气候变化报告 策略市场并行，推动低碳发展[OL]. CDP中国，2014-10. http://www.cdpchina.net/media/cdp/file/appendix.pdfl.

[9] CDP中国，http://www.cdpchina.net/

[10] 劳合社首次发布全球“城市风险指数”报告-有多少GDP暴露在风险之下[OL].中国保险报，2015-9-10. http://fj.ccn.com.cn/news2.asp?unid=295278l.

[11] 俞晓. 承灾力全球最弱 台北市自开“药方”[OL].人民网-人民日报海外版，2015-9-22. http://tw.people.com.cn/n/2015/0922/c14657-27616730.htmll.

基于有机聚合理念的生态城市设计方法

匡晓明　陈　君

当前生态已经同形式、功能、行为、文脉一样，成为城市设计的重要理论元素。本文结合笔者城市设计方面的实践，提出了人、城市、自然三者“有机聚合”的生态城市设计理念，总结基于有机聚合理念的三大设计策略：即城绿相融的生态网络、复合平衡的密度组团和集约高效的资源配置。设计“生态优先”的城市设计程序，将多元生态因子的格局分析和过程分析作为设计方案的生态约束条件指导系统层面设计和生态指标体系构建，并总结了生态城市设计的5大关注重点。文末，以陈家镇国际生态社区城市设计为例，阐述有机聚合理念在生态城市设计中的具体应用。

关键词：生态城市设计；有机聚合理念；设计程序

传统意义上的城市设计，正如伊里尔·沙里宁所言：“城市设计是三维的空间组织艺术。”学界一般将城市设计理解为从艺术处理或功能角度出发的空间设计活动，并将其作为塑造城市形象的重要技术手段。随着雾霾、热岛、交通拥堵、环境污染等城市生态问题频出，以及《中共中央国务院关于加快推进生态文明建设的意见》《生态文明体制改革总体方案》等相关国家层面政策出台，生态文明的观念正深入人心。城市设计连接了人、城市与自然，生态是城市设计的重要实践议题之一。但如何切实地将自然生态、环境质量、能源使用等一系列生态相关的内容纳入城市设计实践中，当前尚缺乏一些明确的方法。《都市设计程序》的作者哈米德·雪瓦尼（HShirvani）曾感慨：“即使是最近的城市开发工作中，城市设计的实践一直都很少考虑生态环境议题。这首先是由于欠缺一个明确的、直接的方法学来指导城市设计专业工作者将生态环境议题纳入整体设计中；其次，人们常常将重点放在自然环境上，而非注重人工环境与自然环境的关系。”此语正好说出了当前城市设计实践中的困惑，也是本文研究的初衷和重要着眼点。文章结合作者多年来在该领域的实践积累和理性思考，试图在生态价值观、有机聚合理念、设计程序和设计方法四个层面对生态城市设计作详细阐述。

1　城市设计的生态价值观

1.1　城市设计的价值观拓展

城市设计发端于19世纪末，《城市建设艺术》一书中，正式提出了城市空间设计概念，在之后百余年的发展中，其理论思潮和价值导向一直处于动态变化之中。早期的城市设计强调空间的形式，如沙里宁认为城市设计是三维空间的组织艺术，而自然则作为城市的布景和美学要素，体现了城市设计的空间艺术导向。20世纪20年代后，

作者简介：匡晓明，同济大学建筑与城市规划学院城乡规划系副教授，上海同济城市规划设计师研究院所长，中国城市规划学会城市设计学术委员会副秘书长。
陈君 上海同济城市规划设计研究院城市空间与生态规划研究中心执行副主任。

城市设计逐渐吸收现代建筑功能主义思想，开始侧重功能组织和技术应用，并将自然资源作为满足人类需要的附属品。这种机械主义的自然观引导下，在邻里单元概念中，绿地作为“配给品”划拨到各居住单元之中。20世纪50年代后期，人本主义思想迅速发展，强调人类精神需求、注重城市文脉、尊重使用者价值等。这种人类中心主义的价值观中，人为主体，自然作为一种资源为人类所用。20世纪60年代后期，麦克哈格将生态学原理引入城市设计中，提倡人与自然的协调共生，重视生态环境自身的价值，在空间秩序的建立中以人和自然的公平性为核心。此后，随着城市生态危机愈演愈烈，健康城市运动、精明增长、新城市主义等一系列以生态为导向的城市设计思想出现，使得“生态”同形式、功能、行为、文脉一样，已经成为城市设计的理论元素之一，城市设计必须重视美学、功能、人文、生态等多元价值的平衡。

1.2 城市设计的生态价值观

从中国传统天人合一的人居理念，到西方的田园城市理论，再到新城市主义、未来城市构想，自发的生态观念或多或少地渗透在城市设计思想中。当前讨论城市规划的生态观，有人类中心主义和环境中心主义两种主要的倾向。人类中心主义强调自然服务于人类，重视空间效率和局部经济性，对生态的保护仅仅是为人服务的手段，可持续发展就是建立在这种浅层生态学上的思想。环境中心主义带有一定的乌托邦色彩，认为自然、环境具有独立的价值，这种深层经济学思想认为自然生态保护的意义远远超过经济增长。可以看出，两种生态观都具有一定的局限性。作为应用实践的城市设计，在其生态价值观的选择上，需要既考虑人类的发展需求，又保证自然生态的良好保护，实现维护生态环境和满足人类使用的和谐统一、有机共生，这种有限的生态伦理，是城市设计在生态价值观上的最佳选择。

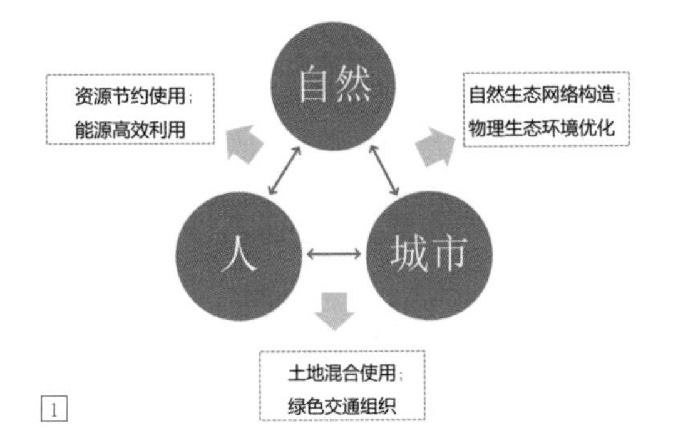

生态城市设计是城市设计的价值观向更高阶段发展的体现，也是生态文明理念在城市空间营造中予以实现的重要途径。

2 生态城市设计的有机聚合理念

2.1 有机聚合的理念来源

笔者认为，生态城市设计是以生态文明思想为内核，以城市生态学为基础，以城市空间环境设计为手段，最终实现人、城市与自然三者间和谐发展的城市规划设计方法。生态城市设计的有机聚合理念正是基于人、城市、自然三者之间有机的聚合关系（图1），具体体现在以下三个方面：

首先是城市与自然的和谐，重点关注如何在城市空间环境塑造中保证自然要素的完整性，并构建有机联系、城绿相融的自然生态网络，提升优化城市自然空间的生态功能；此外，城市的风、热、光、声等物理环境与自然要素的格局和过程息息相关，因此城市空间环境塑造中也要关注自然要素的物理调节作用。

其次是人与城市的和谐，重点关注在城市空间环境组织中通过合理的功能混合布局、交通优化组织、设施均衡布局等手段，塑造舒适宜居的环境，达到城市物质空间与人类使用间的良性互动。

最后是人与自然的和谐，即在空间环境组织中关注人类对水、能源等各类资源的使用以及对废弃物的处理，应考虑如何降低对自然的不利影响，高效、节约、可持续地利用各类自然资源。

2.2 有机聚合理念的三大设计策略

有机聚合理念落实到生态城市设计策略上包括三点。

2.2.1 城绿融合的生态网络

对现有自然生态网络进行补缀与优化，修复自然生态因子，整合生态要素，以斑块、廊道和基底形成生态骨架，通过将不同规模的生态廊道层次化、网络化，构建完善的生态网络体系。

1 有机聚合理念中人、城市、自然三要素关系图解

2.2.2 复合平衡的密度组团

通过更密集化的土地利用方式，将紧缩的建设用地与有机生态网络相结合，建设用地以密度组团的形式团簇状布局形成空间的有机聚合，同时兼顾生产用地与生活用地之间的关系，形成良好的职住互动。

2.2.3 集约高效的资源配置

合理的单元尺度设计，若干个单元间相互连接，研究单元内能源消耗、资源使用特点，促进小区域资源的高效供给与输配，提高使用效率，重建资源使用的生态理性。

3 生态城市设计的程序与关注重点

3.1 生态城市设计的程序

如何将生态和环境议题切实纳入城市设计工作中，设计程序至关重要。传统城市设计在现状分析基础上组织空间元素时，过度强调“从人工到人工”的工作机制，对自然生态要素的分析远不能满足生态城市设计需要。“生态优先”的城市设计程序需要在规划设计前期就将自然生态因子、地理生态因子、物理生态因子、资源生态因子、潜在灾害因子等多项生态因子进行水平向的格局分析和垂直向的过程分析，以此来确定在城市设计方案中关于生态网络结构、生态空间控制、物理环境设计、土地利用、道路交通系统等的生态约束，实现系统层面的生态控制。此外，通过生态指标体系的构建，将生态景观环境、土地利用、绿色出行、可持续资源利用、绿色建筑等生态城市设计要素以定量指标的形式予以管控，更有利于生态城市设计在系统层面和地块层面的进一步落实（图3）。

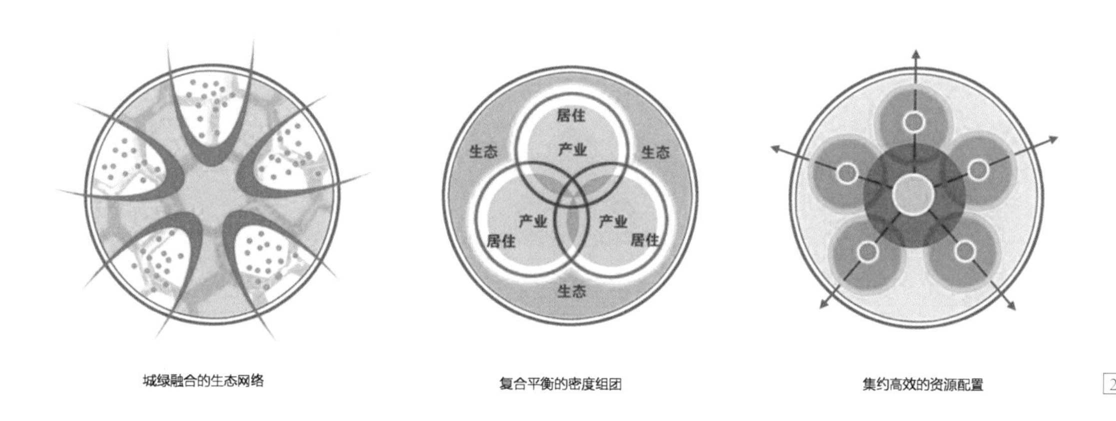

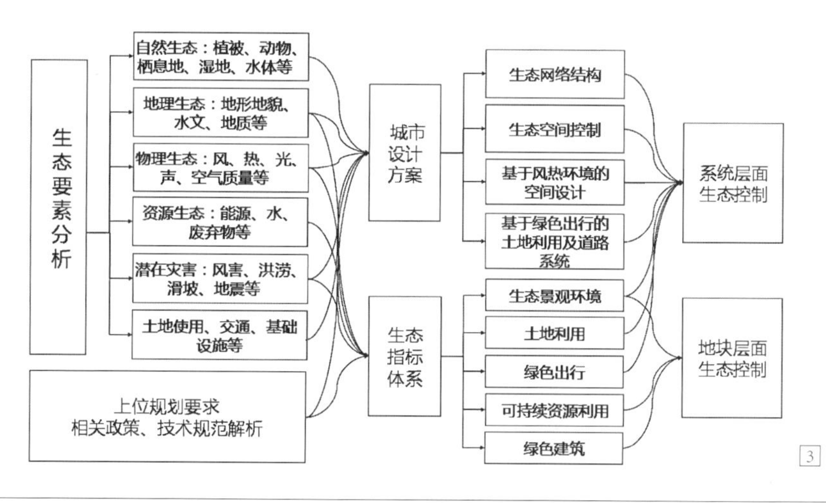

[2] 有机聚合理念的三大设计策略
[3] 生态城市设计程序

表 1　　　　　　　　　　　　生态城市设计重点要素表

生态设计要素	要素分类	具体指标
土地集约利用	密度	综合容积率； 人均建设用地指标； 单位面积人口/岗位
	混合度	功能混合使用的街坊比例； 职住平衡度
	公共设施服务水平	邻里中心服务水平
绿色交通引导	路网形态与结构	街坊尺度； 交叉口间距； 路网密度； 单位面积道路数量
	出行方式引导	绿色出行比例； 公交站点服务水平； 慢行交通路网密度； 公共自行车租赁点间距
	停车与换乘节点	优先停车位比例； 换乘节点与公共活动中心的耦合度
生态景观环境	绿化系统格局	人均公共绿地面积； 公共绿地服务水平； 绿化覆盖率； 绿化屋面比例
	水系统格局	河网密度； 河网水面率； 水系连通性
	微气候环境	室外平均热岛强度； 人行区风速
	绿化建设控制	植林率； 本地植物比例； 下凹式绿地率
绿色建筑管理	星级水平	绿色建筑一星级以上比例
	节能	新建建筑设计节能率； 单位面积建筑能耗
	节材	住宅建筑全装修率； 本地建材比例
	节地	地下空间开发率/地下容积率
可持续 资源利用	能源	可再生能源使用率； 分布式能源站； 公建区域供冷供热覆盖率； 智能电网覆盖率
	水资源	年均雨水径流量控制率； 非传统水源利用率； 硬质地面可渗透比例； 中水回用率； 雨水留蓄设施容量
	废弃物	生活垃圾分类收集设施达标率

3.2 生态城市设计的关注重点

结合生态城市设计的编制特点，确定生态景观环境、土地利用、绿色出行、可持续资源利用、绿色建筑为关注重点。其中，对土地利用的管控可细分为密度、混合度、公共设施服务水平等因子；对绿色交通的管控可分为路网形态与结构、出行方式引导、停车与换乘节点等因子；对生态景观环境的管控可分为绿化系统格局、水系统格局、微气候环境、绿化建设控制等因子；对绿色建筑的管控可分为星级水平、节能、节材、节地等因子；对资源利用的管控可分为能源、水资源和废弃物等因子（表1）。

4 生态城市设计实践——陈家镇国际实验生态社区项目为例

4.1 项目概况

崇明岛作为上海的三大低碳示范区之一，以创建国家可持续发展试验区为发展目标，将主要在低碳社区建设、低碳农业、新兴旅游发展方式等三方面进行低碳实践。陈家镇是崇明岛近期开发建设的重点地区，已确定为国家第二批发展改革试点镇，也是上海市十个发展改革试点镇之一。根据《上海崇明陈家镇城镇总体规划修改（2009—2020）》，陈家镇国际实验生态社区项目的建设要求全面贯彻体现国际先进水平的生态城镇规划理念，建设一个具有国际先进水平的“国际实验生态社区”。该项目规划面积约440hm^2，其中主要包括居住区、商业区和公共空间，未来规划人口规模将达到4.4万人。

4.2 城市设计生态管控指标体系

陈家镇国际实验生态社区生态管控指标体系的构建，以上文的分析结论为框架，遵循“因地制宜、实施可控”的原则，进行指标筛选，最终形成五大控制要素共计20项控制指标，其中11项指标由系统层面规划进行控制，8项指标由地块层面生态附加图则进行控制，1项需要系统层面和地块层面共同进行控制（图4）。

4.3 城市设计的生态要素管控

从土地复合利用、绿色交通系统、生态景观环境和资源可持续利用四个角度，通过指标体系对城市设计方案进行控制引导，使得方案的制订从一开始就遵循生态的原则与要求，从而实现设计方案的生态性。

4.3.1 土地复合利用

1. 高效的功能混合，实现布局减排

规划将商业服务、文化娱乐、休闲活动等公共服务类业态沿两条生活性道路布置，并结合绿地水系，呈H形混

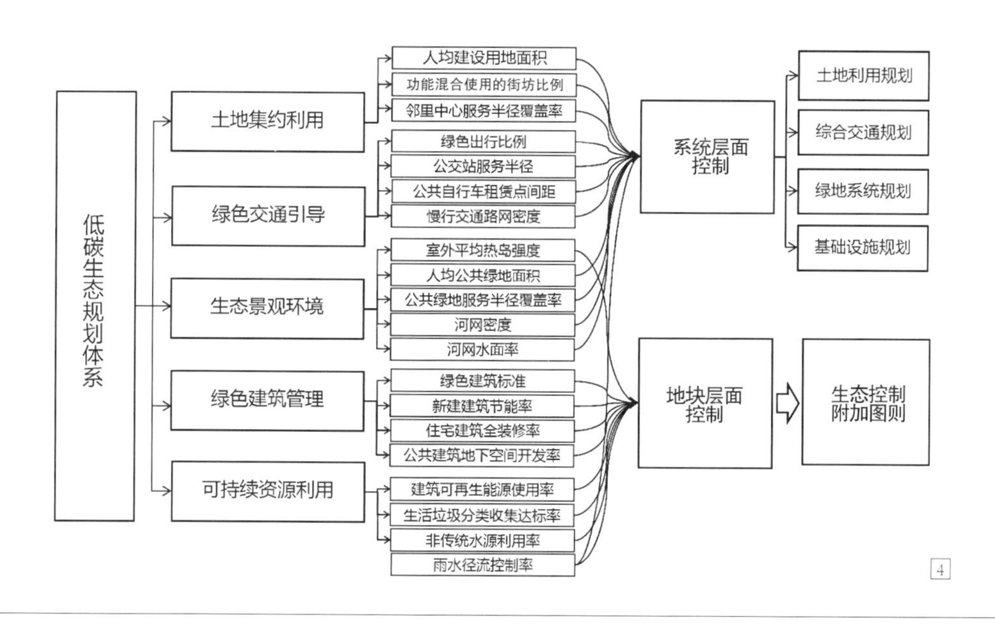

4 低碳生态规划体系

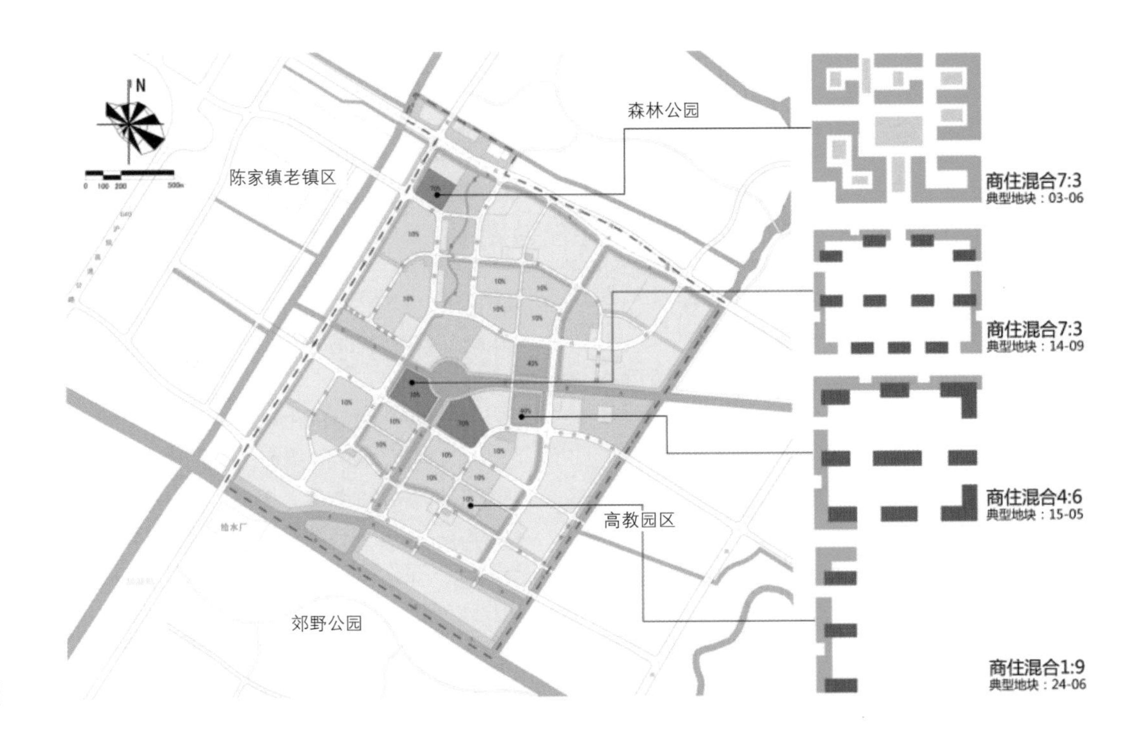

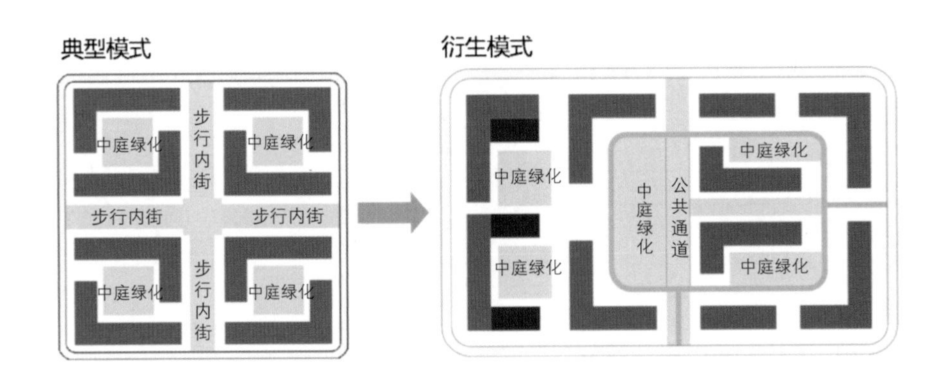

5 陈家镇国际实验生态社区混合用地布局图

6 围合式住宅实践区平面布局模式

合布局，方便居民使用，提升生活氛围（图5）。此外，规划还提倡建筑功能的垂直混合，并提供多样化的居住建筑类型，满足核心家庭、单身年轻人、老年人等不同用户的需求。通过功能的复合使用，增加就业机会，促进职住平衡，减少长距离交通和温室气体排放。

2. 适量建设围合式街区，集约土地资源

规划为实现人均建设用地面积小于90m²，部分地块采用了半围合、全围合式等建筑布局方式（图6）。围合式街区不仅能有效增加地块开发强度，提高土地的利用效率，还对改善微环境有积极作用。

3. 分级配置的生态社区模式，满足就近服务

规划建立社区和服务设施的分级配置体系，建立街坊—邻里—社区3级居住社区体系，使人均社会公共服务设施面积达到3.5m²，邻里中心500m服务半径覆盖率达到100%。规划不仅实现公共设施高度复合，体现社区公共设施配置的社会公平性，也满足居民以短途出行为目标，就近使用基本公共服务的需求。

4.3.2 绿色交通系统

1. 便捷的公共交通系统

规划在提升支路网密度的基础上，以“公交优先”为导向开展机动化交通组织，加强公交线路与土地利用的结合度、优化慢行系统与公交线路的匹配度。在公交线路设置方面，除常规公交线路外，在生态社区内部特别设置3条生态小巴线路，满足居民区内出行的便利性（图7）。此外，规划还对公共交通换乘节点与公共中心进行良好的空间耦合关系，并设立便捷的交通换乘设施，形成不同出行需求的无缝换乘环境，提高公交出行率。

2.高品质的慢行交通网络

规划结合社区的滨水空间和绿化空间，设置覆盖全社区的自行车、步行系统，营造景观优美、出行便捷、安宁宜人的慢行交通环境，减少社区内部的小汽车出行。规划对自行车专用道路赋予独立路权，并在地块图则中结合自行车道规划，在生态社区内设置20处自行车换乘租赁点，主要沿社区道路结合公交枢纽、公共绿地、商业中心、公交站点等处布置，总共

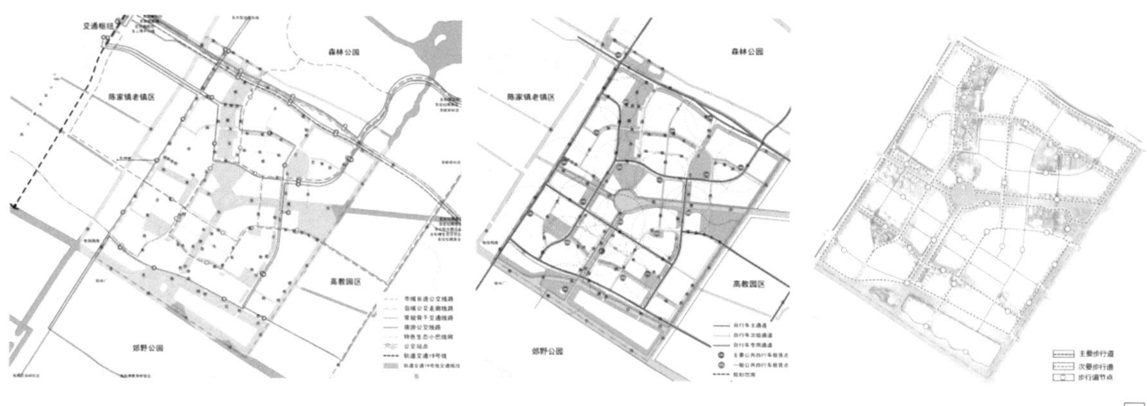

7 陈家镇国际实验生态社区交通系统规划图
从左至右分别是：公交系统，自行车系统，步行系统

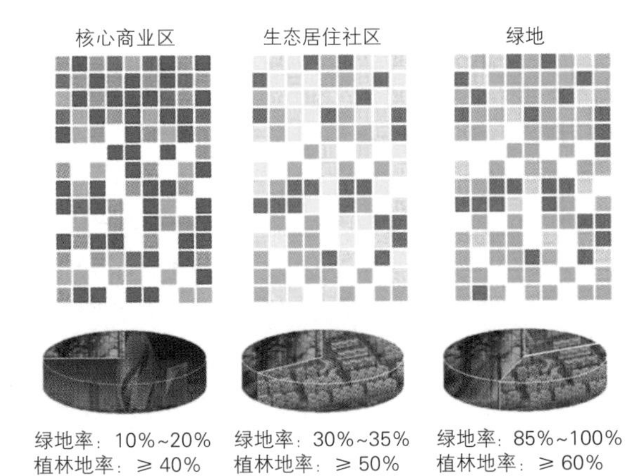

提供约600辆公共自行车进行租赁，方便居民短距离出行（图8）。街坊内绿化慢行通道规划按照200m左右间距设置于各个居住地块内，形成自行车道、步道和绿廊相结合的绿化慢行通道，可以起到加密路网、方便居民出行的作用。

4.3.3　生态景观环境

1. 优化绿地网络，提升服务水平

规划综合考虑维护生物多样性、提升绿色碳汇能力和营造理想人居环境的要求，遵循结合自然、提高绿量、均匀分布、有机连续的规划原则，规划形成“十字双廊，内外双环，绿心居中，绿点均布”的绿色开放空间体系，使区内绿地率达21.8%，人均公共绿地面积达21.6m^2。通过合理布局绿地系统，实现规划范围内公共绿地500m服务半径覆盖率达到100%。

2. 强化建设控制，提升碳汇水平

规划在现有绿地率指标基础上，增加植林率、本地植物比例控制，强化绿地建设管控措施，提升绿地排氧水平和固碳能力，优化生态服务功能。规划大力推广阳台、屋顶及墙面绿化等立体绿化方式，提高城市绿化率有效改善自然生态环境。

3. 整合河网格局，提升调蓄能力

规划尽可能保留现状河道，结合自然水系的沟通梳理，形成“十字双轴，内外双环，水绿交融”的形态格局。规划河流水系总面积约43.53hm^2，水面率约9.8%，河网密度4.25km/km^2，超过上海地区平均河网密度和河网水面率，有利于提高水网生态雨洪调蓄能力。

4.3.4　资源可持续利用

1. 能源系统

根据陈家镇的可再生能源利用条件，综合考虑不同土地利用类型的能源使用特点，重点利用太阳能热水、太阳能光伏和地热能三类可再生能源在规划范围内的应用。住宅用地中，太阳能热水提供的生活热水比例不低于70%；核心区的商业用地中，太阳能光伏提供建筑能耗比例不低于2%，地源热泵提供空调供冷/供热量不低于40%，再加上10%的电网输配能源来自崇明岛的风能，使社区可再生能源占能源供应总量的达到15.5%。以此减少化石能源消耗和CO_2排放，体现资源和环境约束条件下建设国际实验生态社区的示范意义。

2.水资源系统

规划通过分散的、小规模的源头控制来达到对暴雨所产生的径流和污染的控制，实现年均雨水径流量控制率不低于70%，从而控制建设项目的径流总量、峰值流量和初期雨水污染物。即要求建设项目LID雨水综合利用设施应达到处理18.7mm的设计降雨量。规划建立完善的雨水管理系统，包括生态旱溪（生态草沟）系统、生态蓄水塘和人工湿地等，分担城市排涝压力；同时强化雨水污染控制，设置初期雨水弃流装置。

5　结语

从形式追随美学，到形式追随功能，再到形式追随文脉，当前城市设计已经开始过渡到形式追随生态的阶段，生态已经同形式、功能、行为、文脉一样，已经成为城市设计的重要理论元素。本文结合笔者设计实践，以有机聚合理念为引导，探讨了生态城市设计的设计策略、设计程序和关注重点。当前国家对生态文明的倡导和住建部对城市设计的日益重视，给生态城市设计提供了广阔的空间，而生态城市设计也是实现城市生态愿景的重要途径之一，本文抛砖引玉，期望能够为生态城市设计的研究和实践提供参考和借鉴。

8　陈家镇不同区域发展模式图

参考资料

[1] 哈米德·雪瓦尼.都市设计程序[M].台北：台北创新出版社，2004：202，284-310.

[2] 沈洁，张京祥.从朴素生态观到景观生态观：城市规划理论与方法的再回顾[J].规划师，2006（1）：73-76.

[3] 匡晓明，陈君.基于要素管控思路的生态控制方法在控规中的应用研究：以陈家镇国际实验生态社区为例[J]. 城市规划学刊，2015（4）：55-62.

[4] 林姚宇，陈国生.FRP论结合生态的城市设计：概念、价值、方法和成果[J].东南大学学报（自然科学版），2005（35）：205-213.

尺度

崇明岛生态设计策略

/ 愿景

/ 自然与社会发展策略

/ 陈家镇概念规划框架

愿景

面对崇明岛的未来，我们是在发展与保护两者之间做一个非此即彼的选择，还是摸索一个新的建设发展模式，在生态保护与经济社会发展之间建立平衡？如何回答这个问题成为愿景及策略设计形成的初衷。

学生们在上一阶段围绕整岛的研究基础上，提出了“ECO²”的概念，从自然生态与经济发展的两个维度同时切入，目标是通过规划手段，探索出一个既能满足自然生态可持续发展，也能满足社会生态可持续发展的新型中国乡镇建设发展模式。他们将目光聚焦于割裂的现实，譬如，碎片化的生态斑块、崩塌的乡村人口结构、淤阻的田间水渠、突兀且封闭的新建城区等等，并在这些片段化的要素中探寻潜在的关联线索，将这些看似彼此不相关的现象内部深层的彼此交织的逻辑关系发掘出来，最后提出用织补的方式重新梳理崇明岛的自然、社会生态系统。

ECO²=Ecology & Economy

INTERWEAVE 交织 ← WEAVE 编织

↑ ↓

Ecology & Society 生态 & 社会 ← DARN 织补

Ecology System
A few isolated natural habitats are connected by creature immigrant corridor

生态系统
将孤立的生境斑块通过新构建的生态迁徙廊道相连

Society System
Most Chongming's population and industry are in the southern apart of the island

社会系统
绝大多数的人口与工业将利用地理优势，聚集在南部区域集中发展

Ecology & Society System
In Chongming, there is alack of connection between ecology system with society system

生态&社会系统
生态系统与社会系统间缺少相互关联

1 ECO² 总体策略概念示意图

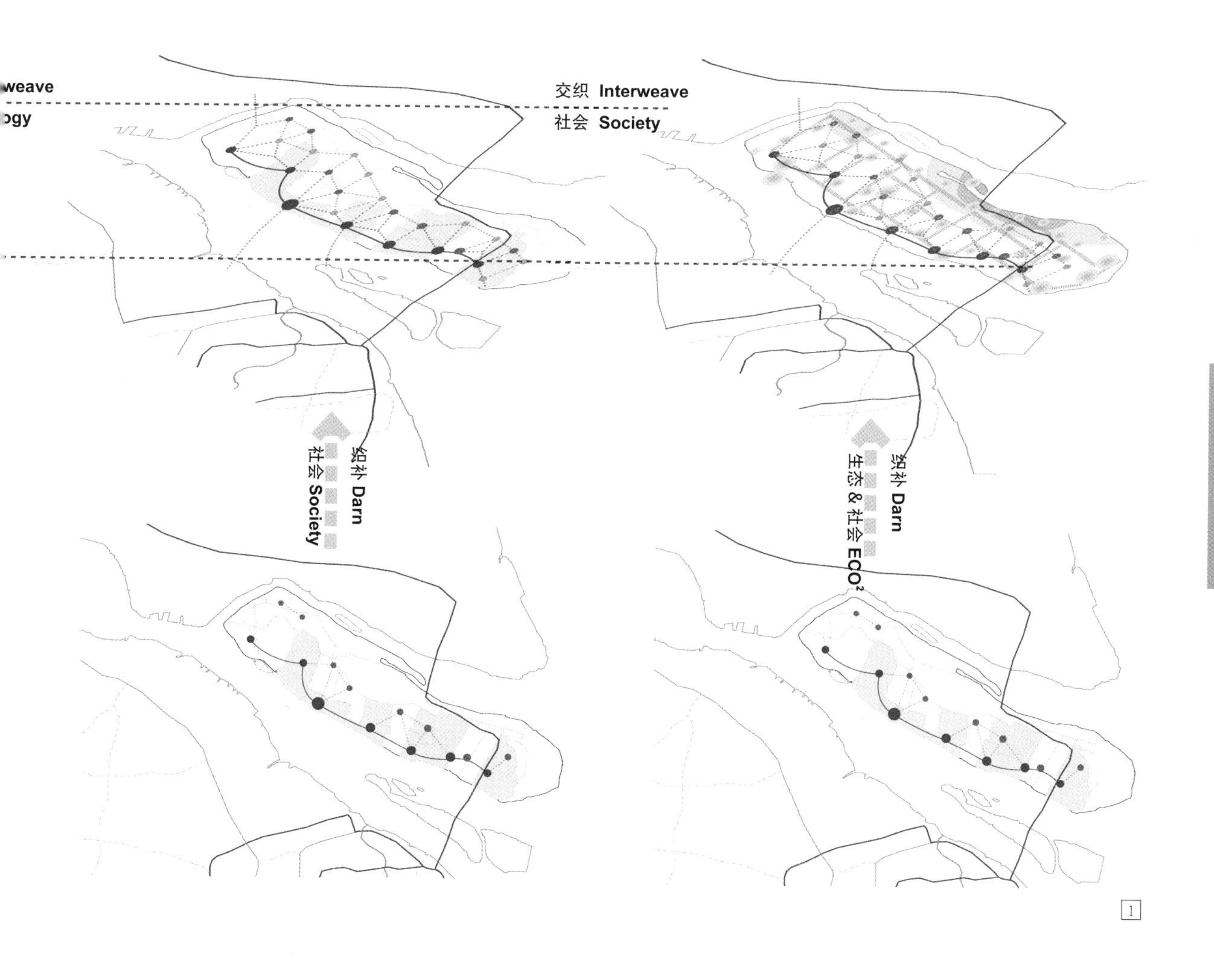
weave
ogy
交织 Interweave
社会 Society
织补 Darn
社会 Society
织补 Darn
生态 & 社会 ECO²

1

自然与社会发展策略

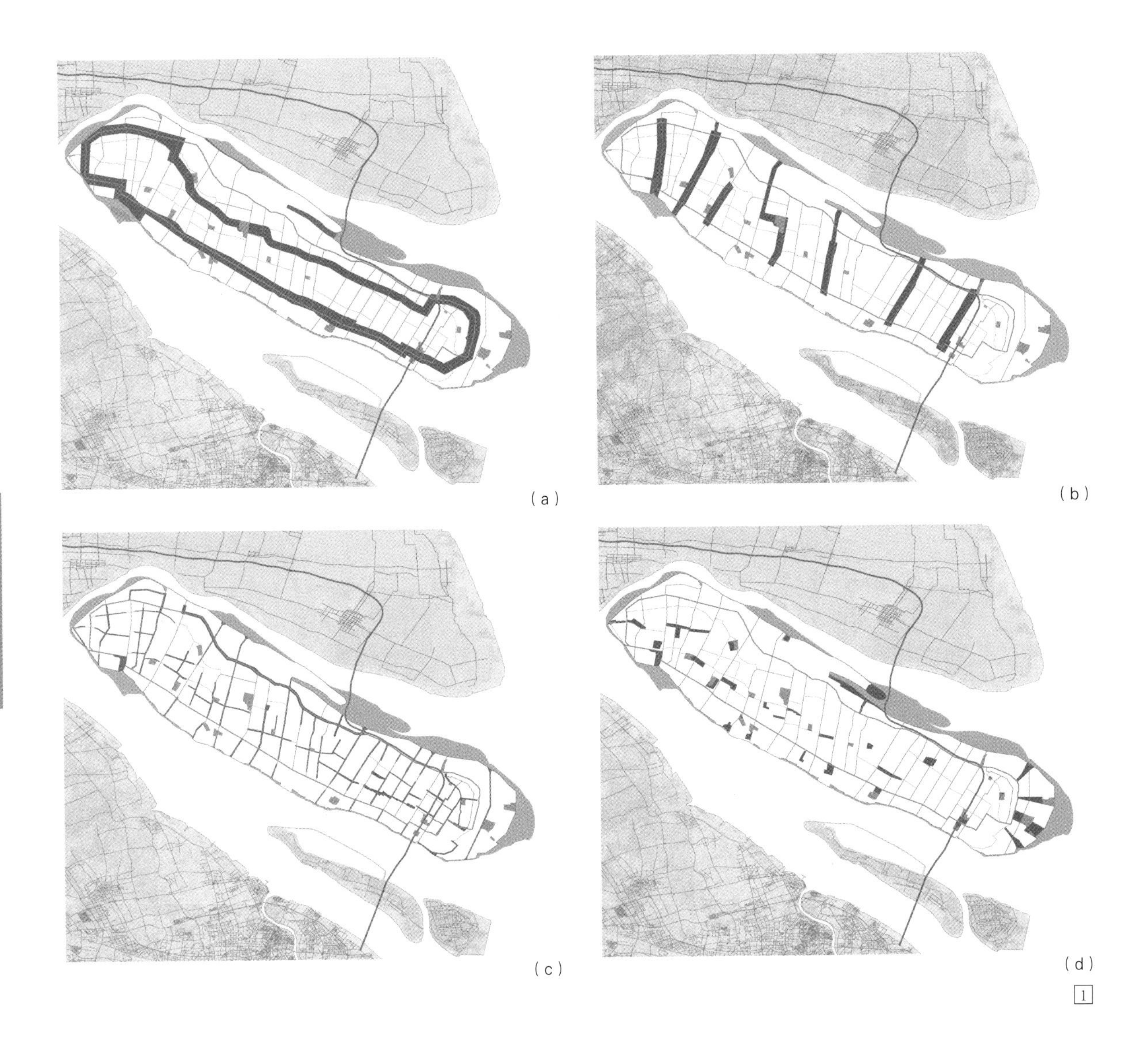

1 自然生态发展策略解析图。由上至下分别是:
(a)主生态环道;
(b)主生态廊道;
(c)次生态廊道;
(d)自然生境

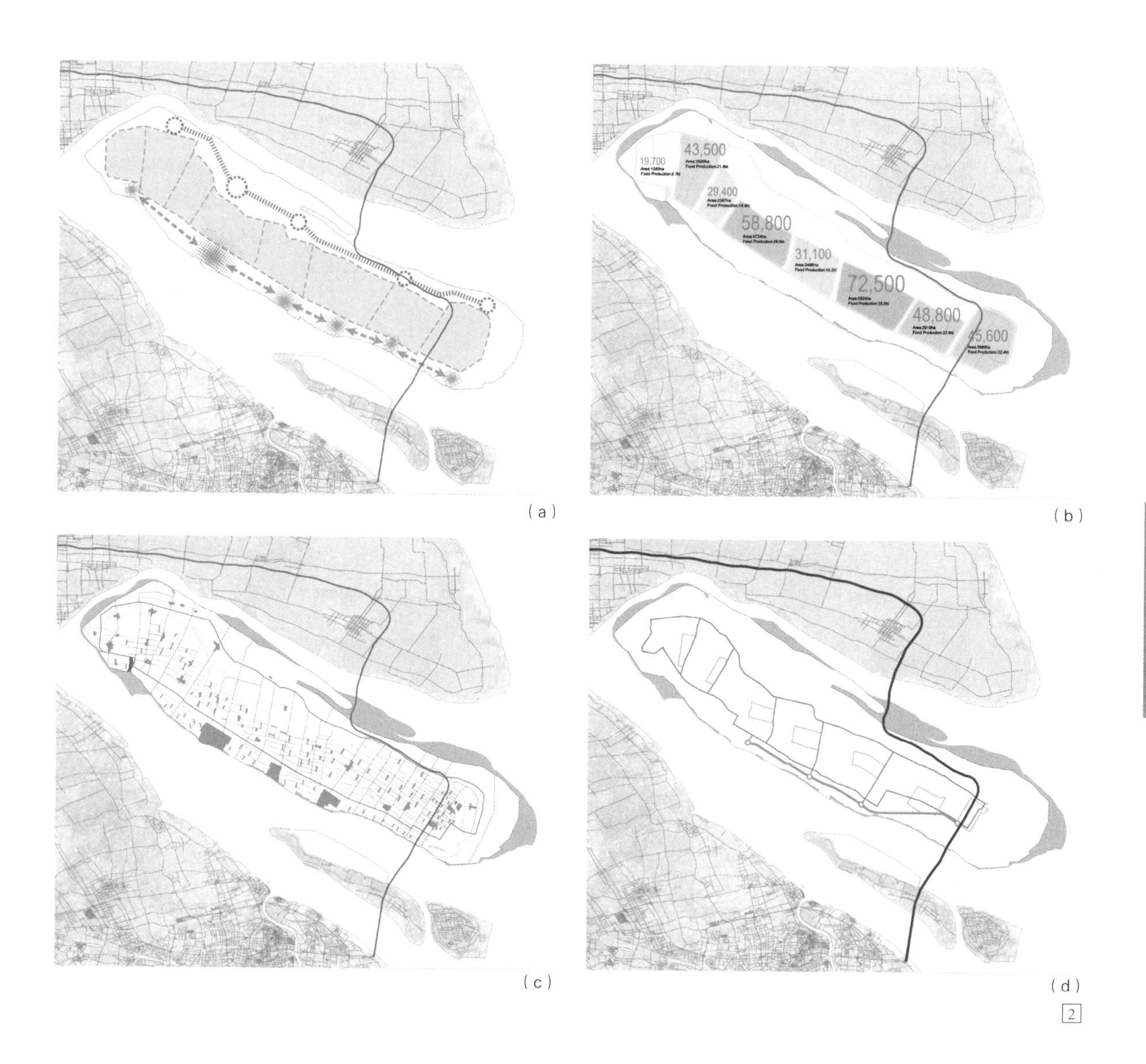

2

2 社会生态发展策略解析图。由上至下分别是：
（a）发展布局；
（b）人口规模；
（c）发展模式；
（d）交通模式

陈家镇概念规划框架

陈家镇的发展建设概念规划是在崇明岛规划策略的框架下形成的，同样也包括自然生态系统的梳理与社会生态系统的重构两个组成部分。

其中自然生态系统的梳理旨在充分发掘陈家镇所辖区域内得天独厚的自然条件，通过主、次生态廊道将环岛的主生态环道与东滩湿地紧密相连，从而形成一个完整的自然生态系统构架；同时，利用现有条件合理拓展及布局主、次生态廊道以及自然生境，强化陈家镇生态系统的层级联系；并对陈家镇镇域内生态廊道与建成环境诸要素，如城市道路、村落、乡镇等之间的关系进行类型化研究，对生态廊道的要素配置及具体的操作方法进行更为细致地探讨。

社会生态系统的重构则重点关注发展模式方面的探讨。受到城镇化程度差异的影响，陈家镇镇域内的空间类型被划分为三大类型。第一种类型，是以生态廊道为主、零散居民聚居点为辅的自然生态涵养区；第二种类型，是以环境友好型农耕产业为主、聚居点相对均匀布局的低密度乡村社区；第三种类型，是高密度的城镇建成区。其中，第一种类型需要结合自然生态骨架的建构，进行一定量的现状人口转安置，这一部分主要集中在主生态环道及主生态廊道通过区域。第二种类型及第三种类型均是在现状基础上所进行的改良、再生，这两种类型会牵涉到对发展方式转变的探讨，重点研究新型产业类型的注入对社会人口结构构成潜在的积极作用。

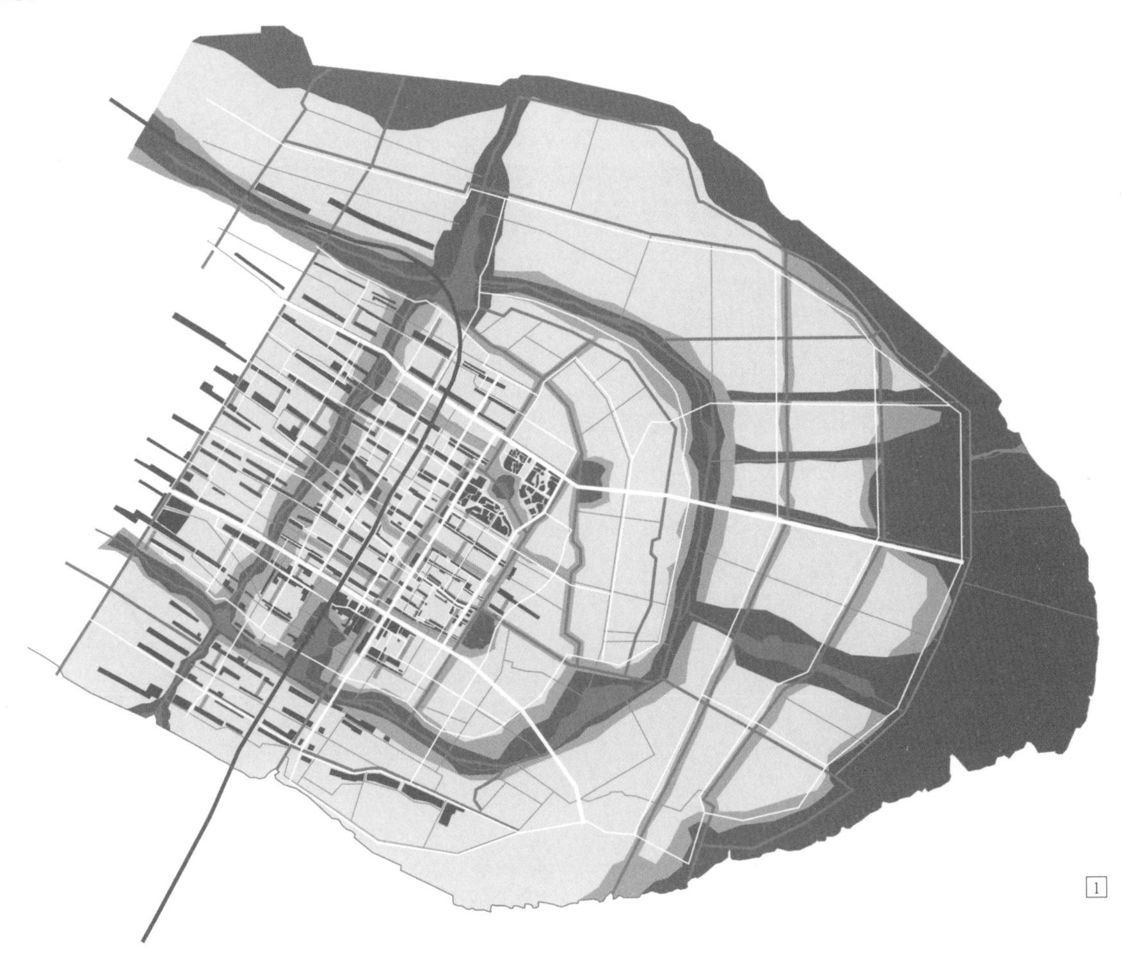

1 陈家镇总体规划

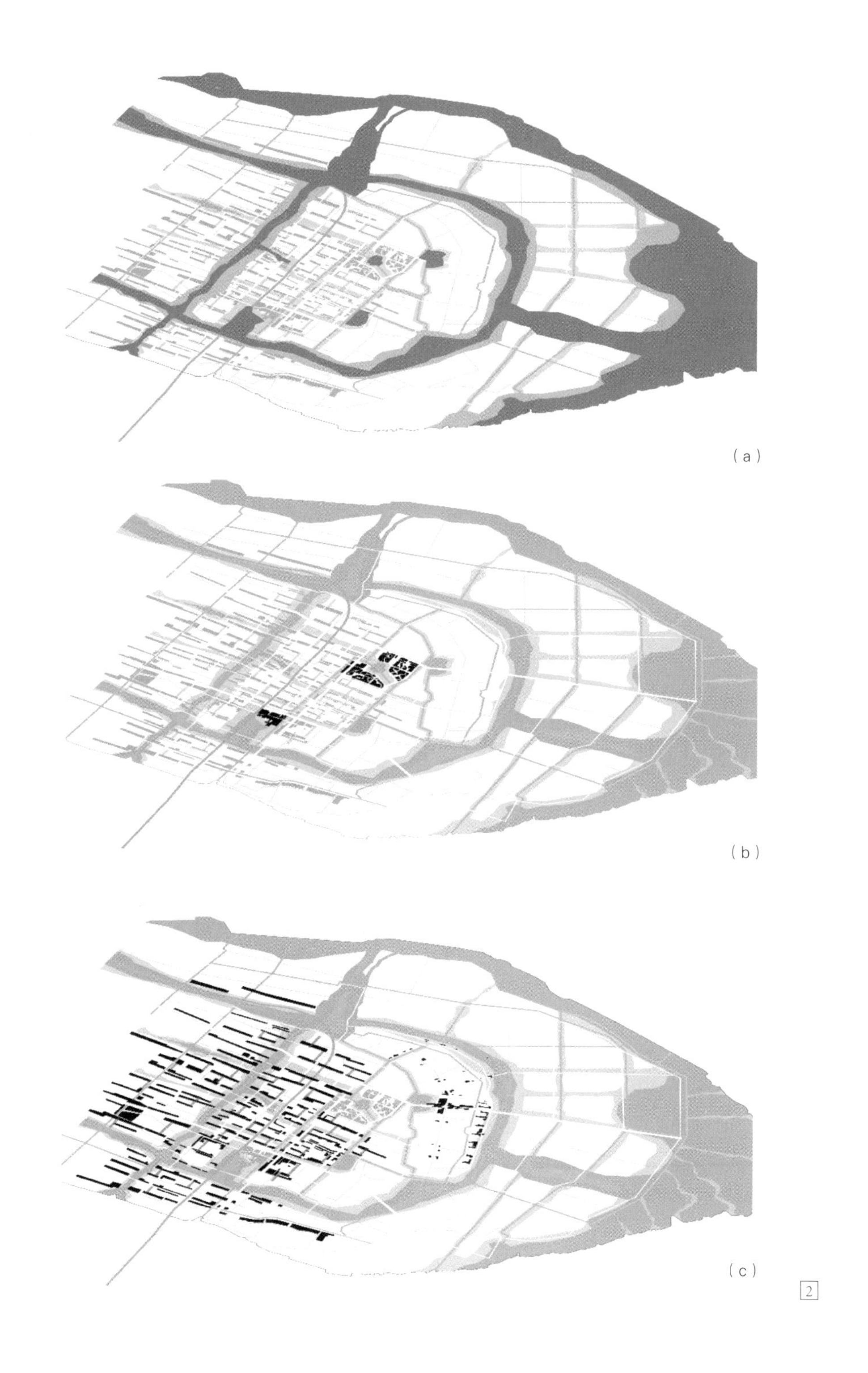

2 陈家镇规划结构性策略解析图。由上至下分别是：
(a) 自然生态建设保护区；
(b) 高密度城镇发展区；
(c) 低密度乡村社区发展区

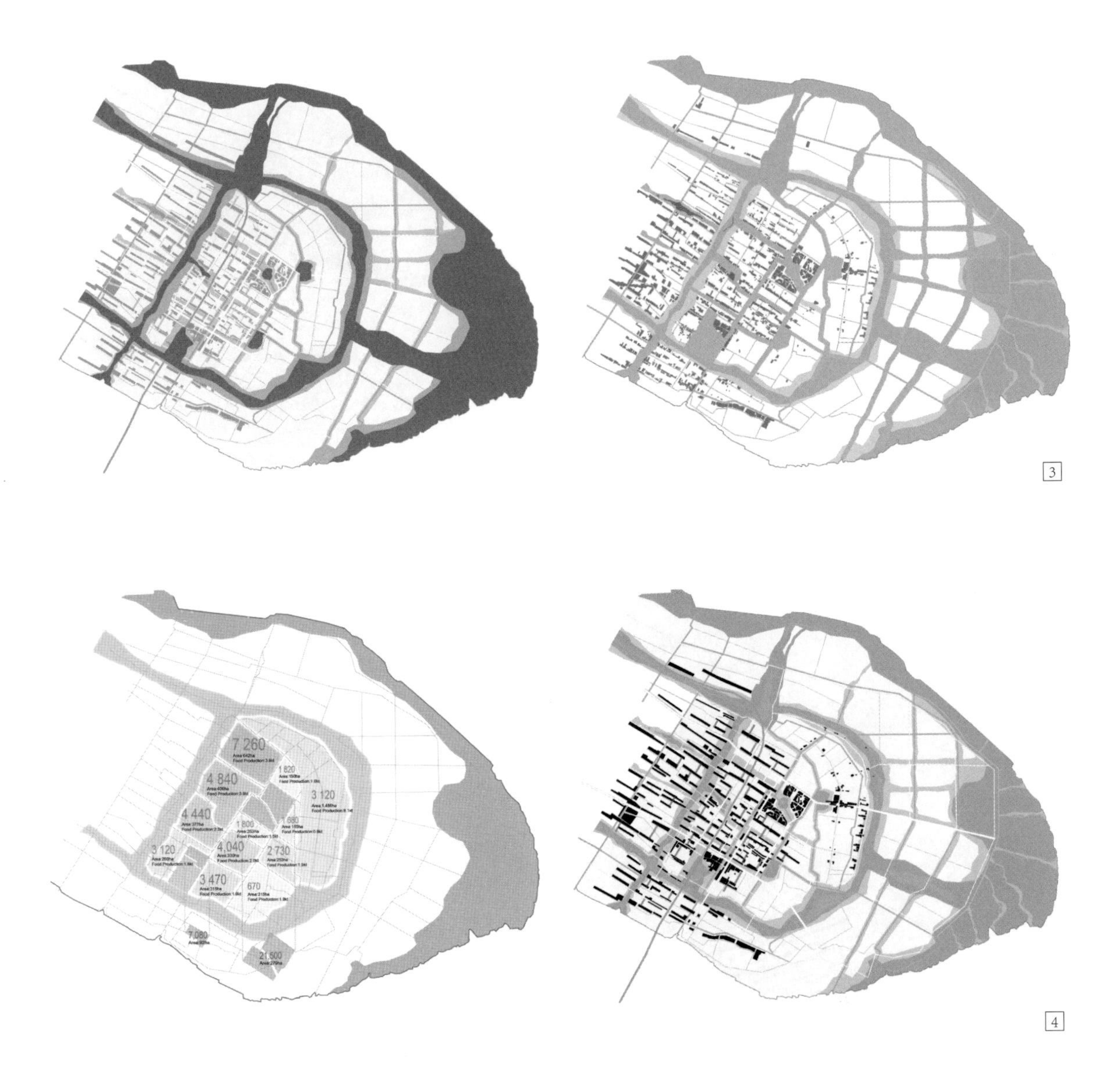

3 陈家镇自然生态发展策略解析图

由左至右分别是：主生态廊道空间布局图，次生态廊道空间布局图

4 陈家镇社会生态发展策略解析图

由左至右分别是：人口规模与空间分布解析图，建成区空间分布示意图

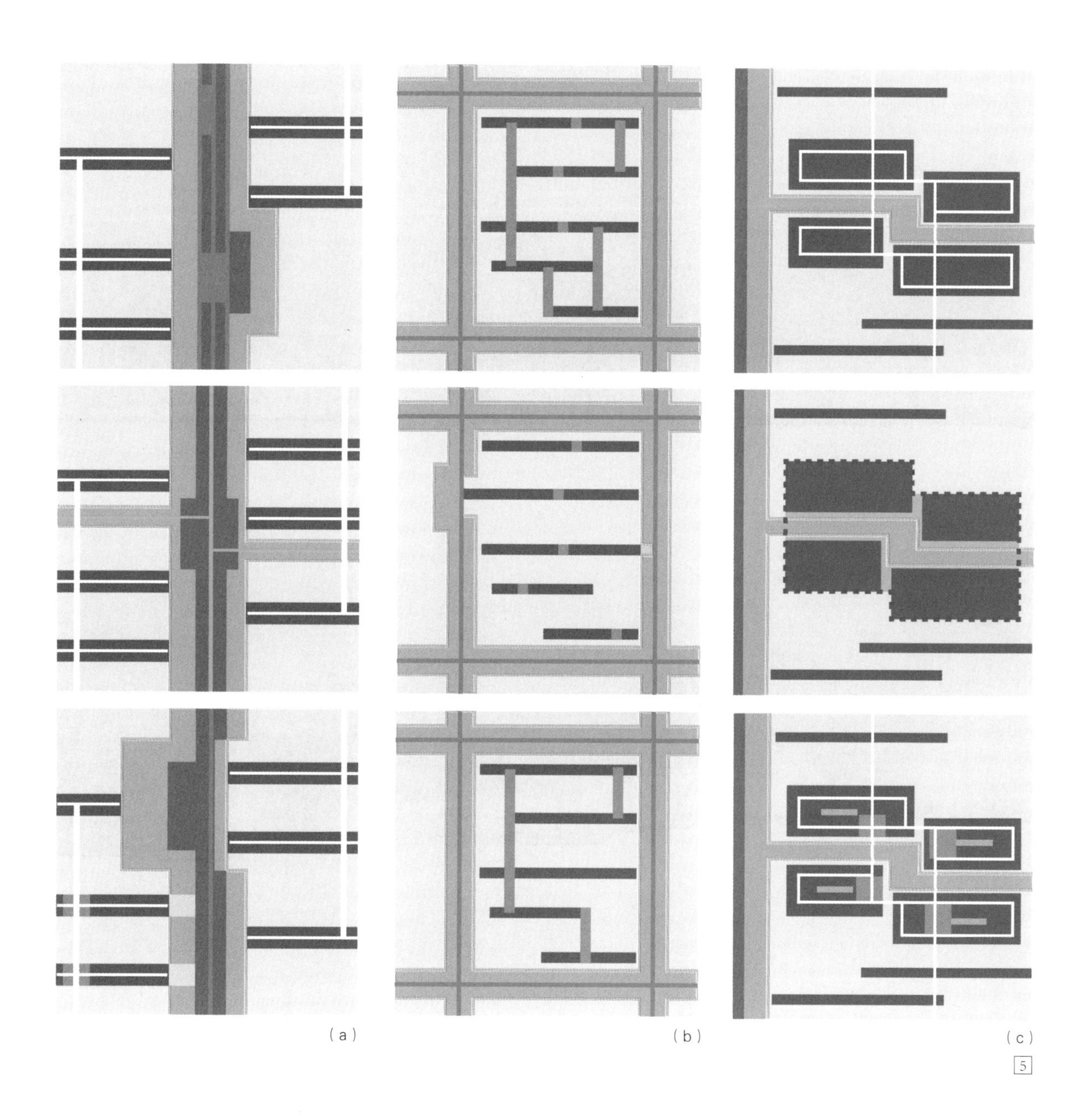

5 陈家镇规划策略模式图。由左至右三列分别是:
(a)主生态廊道核心区、缓冲区与周边环境交接分析图;
(b)低密度农耕社区空间环境组织分析图;
(c)高密度城镇建成区空间再利用分析图

6 主生态环道空间剖面关系示意图
7 主生态廊道空间剖面关系示意图

6

7

深度

生态城市设计圆桌讨论

生态城市设计圆桌讨论

2015年6月5日至6日，由教育部教外司批准，同济大学、美国佐治亚理工学院及中美生态城市设计联合实验室共同主办，同济大学建筑与城市规划学院城市设计学科团队承办的第一届上海国际城市设计论坛暨2015生态城市设计国际研讨会在同济大学建筑与城市规划学院成功召开。

会议中紧密围绕生态城市的发展战略、实践路径及现实挑战、生态城市设计的策略和技术方法等内容逐一展开讨论。以上海崇明岛生态建设为主题，结合中美生态城市设计联合实验室关于崇明岛生态城市设计的研究和教学的阶段性成果开展的圆桌讨论，是会议的压轴内容。

圆桌讨论包括两个部分内容，第一部分为美国佐治亚理工学院设计学院杨沛儒副教授、同济大学建筑与城市规划学院王一副教授和同济大学经济与管理学院戚淑芳博士关于崇明生态城市设计的研究和教学活动及其成果报告；第二部分由八位相关领域专家、学者围绕崇明岛的生态发展进行深入的讨论。以下为圆桌讨论部分内容实录。

杨沛儒（佐治亚理工学院设计学院副教授）：

众所周知，崇明岛作为我国第三大岛，其建设发展一直以来备受瞩目。2014年崇明区政府办了一个论坛，我代表同济大学可持续发展学院（下文简称IESD）参加。当时崇明政府的与会代表已经有很明确的目标，即让崇明岛变成世界级的生态岛。我们对这个目标提出了很多想法，最后联合了两所大学、三个团队包括同济建筑与城市规划学院（下文简称CAUP）、经济与管理学院（下文简称经管学院）、可持续发展学院以及佐治亚理工学院设计学院（下文简称GeorgiaTech）的老师和同学们，一起用六个月的时间组织了一个以生态崇明为主题的联合工作坊。

联合工作坊目前的成果已经体现了我们整个团队对崇明岛的发展愿景，即建设一个真正的世界级的生态城市的新典范。为了提出这个愿景，我们不但对过去的规划方案进行了深入研究，同时还回到崇明岛做了深入的现场调研，实地了解那里的生态现状。共有四五十名同学花了七天的时间去调研，在这个过程中得到CAUP、GeorgiaTech、IESD、同济大学经济管理学院、迪士尼上海实验室、崇明区政府及陈家镇开发公司等的帮助。在现场调研的七天时间里，CAUP、GeorgiaTech、IESD、同济大学经济管理学院的老师和学生组成了三个团队：GeorgiaTech侧重设计跟生态系统的分级整合；经管学院和IESD关注实际调研及协同设计的流程；CAUP关注村镇自然、社会环境、空间形态的观察与记录。正如刚才所说，我们的目标是要建设一个生态城市的新典范，这不但需要从岛屿最根本的问题入手，从景观农业生态的体系中找出它独特的魅力；与此同时，还要充分意识到崇明是一座面向未来的岛屿，崇明区政府和我们都希望像美国谷歌这样的国际型公司能够愿意搬到这里来。因此，我们的工作坊想要找到一个答案：世界级的生态岛有什么样的可能性？

以此为目标，我们的同学首先对崇明岛的自然条件进行了较深入的调研，切实认识到崇明岛其实是世界上非常重要的野生动物栖息地、迁徙必经地以及长江三角洲重要的生态缓冲区。它的生态地位是独一无二的。随后我们对过去的崇明规划进行了系统的梳理研究，譬如，2004年奥雅纳的规划——东滩生态城，非常有前瞻性地提出了“生态梯度”的概念。然而在调研过程中，我们发现东滩生态城的规划其实是把原来农村系统的肌理消解掉，转变为一个现代城市社区的肌理。三个地块中有一块已经变成高尔夫球场和高档住宅区。这巨大的反差促使我们开始思考到底是什么原因导致东滩生态城变成了高尔夫球场和高档住宅区？我们认为它不见得是规划的问题，或许是发展模式的问题。所以我们需要重新思考“世界级”这个定义，即在独特的地域情况下“世界级”“国际级”应该如何定义？难道我们投入大笔经费把三个地块设计好，把居民迁走，然后在原址搞开发建设就能够代表“世界级”或是“国际级”的生态开发水准？所以我说开发模式可能有问题，这种建设路径不清晰的、自上而下的开发建设模式其实非常昂贵。另一方面，我们也意识到怎么去打造崇明岛独特的魅力似乎才是问题的关键。通过现场调研，我们发现崇明岛是一种村落跟水网相互交织的系统，在这个系统中形成了非常多的宅基地类型，它非常生动而且一直在持续地发展变化。这一观察使我们认识到要想打造“世界级”，第一步需要做的就是充分把握现状的自然、社会、环境资源条件，这无疑是一个巨大的系统工程，因此我们组成了一个跨专业领域的团队一起努力找寻方法。经管学院主要负责各专业协同参与的流程设计，现在请经管学院戚淑芳老师来讲解一下我们协同工作流程的组织。

戚淑芳（同济大学经济管理学院副教授）：

我想跟大家分享一下，对我们来说这个协同设计过程是怎么定义的。这一定义基本上是一个大家共享知识，并创造新知识的一个过程。共享知识，不只是分享我们的设计内涵而已，而是我们工作的一个过程，所以在分享的过程中，首先要能够有共同的认知，从不同专业角度针对具体的专业问题提供解决方案，然后再交由系统整合者把它们整合起来。

我们先来解释为什么要有这个协同设计的过程。设计主要是要在科技、商业模式、政策中找到一个共同点，这个共同点的目的就是要满足实际上的需求，我们才有可持续性可言。那流程是怎么做呢？首先，我们要有一个共同的愿景，愿景塑造出来之后，再把我们的解决方案整合在一起，最后进行设计深化及实施。我们在找到共同愿景时，要先塑造一个对问题共同的理解，即我们认为崇明生态岛要保留的这个特殊性是什么，透过观察理解之后我们

要共同来定义这个问题，之后才进入一起提出解决方案的阶段。这个阶段如果没有达成共识，大家可能提出来方案根本不是在处理共同的问题，各个专业之间必然难以沟通，因为大家都有自己不同的专业背景。这个过程通常需要好几轮，我们不但需要提出自己的解决方案，还要去了解对方提出来的方案，最后才选出一个最优的方案，进行到下一个阶段。

我们提出问题就是生态岛不只是要强调生态，因为如果要可持续性的话，我们当然也要有一个经济层面在里面。所以根据崇明政府提出来的一个大的方向，我们也要有一个共同的定义，定义什么是生态，然后我们才能够继续去阐述我们的方案怎么样来满足这个目标。在设计的初期我们提出一个假设，例如水文与环境的关系以及环境与经济发展之间的关系。我们会在初期根据很多的案例研究吸取经验，发展出这些假设。我们还要回到崇明岛去现场调研，看看崇明岛的独特性在哪里，我们才能够进一步评估假设。这就是为什么我们进行了三次现场调研，每一次都呆了两天到三天，去看崇明岛的自然环境，了解我们是为哪些人而设计，了解他们的需求到底是什么。我们事前做了非常多的准备，每次调研回来，我们都会做绘图工作（mapping）。整个过程中，我们总共正式访谈了202个人，并识别了包括交通、食物、社交活动等七个主要的需求点。

现在我具体讲一下识别出的这七个需求点，这部分内容对我们后续共识的达成起到重要的作用。首先是交通。绝大部分居民都认为近几年来崇明岛的交通发展很大程度上改善了当地的经济发展程度，他们对交通的状况非常满意。在主要的交通模式上，他们还是依赖电动车和公交车。年纪比较大的居民认为这些公共交通工具的成本特别低，他们觉得生活很便利。可是比较年轻的居民有不同的需求，他们上班的时候需要比较快捷的交通方式，也需要通勤到上海市区，所以居民们是有不一样的需求的。食物方面，当地的居民对于自家种的蔬菜非常喜欢，他们种的大部分蔬菜都是自己食用的，也会利用一块田地养一些家禽。崇明岛有一些外来务工人员，他们没有地所以很多人会选择在餐厅吃饭。当地餐饮行业因为主要依靠旅游业及这些外来务工人员，所以随着季节波动的情况很明显，这造成了餐饮等服务行业的困境。当地居民自家栽种食材，煮丰盛的食物会邀请邻居朋友过来分享，形成了一种维系他们社区的力量。我们在那边遇到了很多小社区，户户都不关门，邻里彼此都认识，非常亲切。年纪比较大的人还是喜欢维持一点耕种的活动，年轻人大部分因为去外地工作，他们觉得在外地发展很好，所以就比较少回来。我们就碰到这个问题，因为当地如果经济要发展，就需要年轻的人在岛上可以长期居住，有工作的机会。所以这也是我们为什么访谈了一些在上海市区工作的崇明的年轻人，了解他们的需求是怎样的。至于平常的活动，留守在崇明的老人们在白天的时候会跟邻里一起打牌、打麻将、聊天等。在社区里面有很好的聚会活动，新的社区这些设备都非常齐全，所以他们有很多选择。在教育方面，当地居民跟外地移民就有比较大的不同，当地居民反映教育资源还是需要加强的。水跟垃圾的处理，是当地居民认为目前比较急迫需要处理的问题。当地居民不太理解目前所谓的管理系统是怎样的，谁来管理或者是他们应该做什么去使得这个水源更好。他们说以前的水源是非常干净的，还可以钓鱼。

因为这种美好的环境蕴含一些新的经济发展契机，我们就在思考这个契机是不是可以纳入规划里面。之后我们进行调研，借由迪士尼研究中心的场地，把所有同学和老师聚集在一起进行了一个深度的讨论。根据我们所看到这些现象，识别的这个发展机会，利用我们的专业知识提出来各个领域的解决方案，并且进行了一个整合。整合的结果就是三月份联合工作坊的三个方案。

杨沛儒：

在三月份的工作坊里面，同学们提出了三个观点：第一组同学认为智慧岛（Smart Island，结合陈家镇的一个规划议题）要把现有居民跟新的居民组合在一起，在这个基础上创造就业机会。譬如，小尺度的村落跟水系围合的空间能够为小型的工作室提供场地，大尺度能容纳中型或者是大型的工作空间。比如说谷歌，它可以征十几排的宅基地，然后就在上面重新打造工作空间，只要有无线网络、有电动车，离机场又不远，完全可能实现。崇明的魅力和竞争力就来自它很独特的原有的农村系统，这个系统使得高科技公司在落地的同时能够获得与其他地方不一样的空间及心理感受——员工们在闲暇时间可以养养狗、种种地，与大自然亲密接触，这些就是崇明的独特魅力。就像20年前的新天地，当时大家还没有看到里弄的价值，今天的崇明或许可以成为下一个新天地，成为另外一种具有价值的生态空间。第二组同学提出农业城市的方案，跟上面的方案完全不同，这是一个比较概念性的方案，涵盖大、中、小型不同等级及规模的农业体系，他们看到了一个农业系统跟城市系统结合的可能性。第三组的同学的概念是生动的工作空间（Live Workplace），他们认为生活居住和娱乐必须要整合在一起，由此提出很多功能混合的可能性，最后形成一个非常多元混合的方案——宅基地、住宅和水形成一个新型的带状公园，不拆任何一栋房子，渐进式地通过增加不同的功能促进这些乡村空间的发展。我想如果我是谷歌的主管，我可能会来这边买下十块宅基地，而不是搬到工业园区里面。这个方案随后又有了更加深入的推进。

王一（同济大学建筑与城市规划学院副教授）：

同济大学参加这个联合工作坊的12名同学都是建筑学专业的学生，我觉得以后景观、城市规划专业的同学应该都来参加。这次设计对建筑专业同学是个挑战，因为他们主要要面对两个问题，第一个问题是大尺度，规划设计范围有12个曼哈顿岛那么大；第二个问题，一谈生态就马上涉及很多的技术问题，除了技术问题，还有经济问题、社会问题、人口问题，这些都不是我们传统的建筑学专业学生的强项。但是我们也告诉大家，我们的目标是创造一

个为人的、宜居的环境，这也是我们建筑学专业或者是我们的城市设计、城市规划专业的核心，所以不要被上面那些问题，尤其是技术问题吓坏。当然，我们在教学的过程当中也是尽可能让大家通过各种途径去了解这些技术、社会、文化、经济、人口、自然系统等内容。这部分内容非常重要，因为一旦我们把这些内容放到崇明岛这样一个环境中去思考，就会发现当代一些生态城市理念的逻辑困境，即崇明岛本身是一个非常生态（ecological）的地方，我们为什么要去用人工的方式先去造一个不是那么生态的岛，然后再用技术的手段把它变得生态？所以，我们的观点是：崇明岛不是马斯达城，那个从沙漠上建起来的城市，它的生态本底是我们第一步要考虑的问题。

基于这个观点，学生们做了很多的前期分析、调研，这也是他们在学习过程当中不断掌握的一种工作方式，包括对生物的迁徙、土壤的承载能力、各种植物的分布、自然的生态空间和农业空间之间关系的研究，还包括运用地理信息系统这样一种分析方式。通过这些前期工作，大家深刻认识到崇明生态结构的保护或者是强化不但非常重要，而且迫在眉睫。而这样的一个生态结构，实际上最后也成为崇明岛未来发展所必须尊重并依托的结构，基于此推导出第二个需要讨论的问题：生态结构与发展单元之间是否存在健康的内在关系？又该如何发掘并利用这种关系？基于前面的研究成果，我们设定了一个生态单元平衡原则，即依靠农业的系统以及生物质能这样的清洁能源系统实现生态发展单元内部的自我支撑。显然，生态发展单元的规模跟人的活动是密切相关的，就是说每个单元里面有多少人口、多少建设量，我们可以通过计算的方式算出

来。因此，在最后的规划设计中，整个崇明岛未来建设开发的强度分布就产生了一个变化，会跟原先的状况有所不同，不同的地块会有不同的发展侧重点。比如说城桥镇是优化提升它的生态质量，其他小规模的单元系统则会控制人口数量，让它达到自然环境、能源和生产力相互之间的平衡。另一个考虑的问题是产业问题，产业问题其实跟人口问题之间是相互关联的。前期阶段戚老师做了很多的社会经济调研，发现其实崇明岛目前存在人口构成单一这一严峻的社会问题，老龄化很严重。这意味着崇明岛目前不是一个健康的社会可持续或社会生态平衡的状态。因此新的产业，尤其是清洁的产业或是业态的注入能够为崇明未来人口更新带来可能，我们也开始设想这些清洁产业在崇明岛空间分布的可能性，并思考究竟什么样的产业类型能够契合崇明岛的自然生态结构。

显然，未来的崇明岛一定不是陆家嘴，不需要建设非常高密度的办公楼集群，物理空间也可以相对分散，不需要特别近。所以，我们设想未来适合崇明岛的产业类型应该更加倾向于依赖信息技术（information technology）的那些中小、小微企业，或是基于互联网手段的创业型创新企业，而这些小微、创新企业因为对物理距离要求不大，甚至可以同现有的崇明这种独特的村镇结构协同发展，这成为规划设计深化过程中逐渐开始思考的重要问题。

最后在这些分析研究基础上，建立了一个大的崇明生态发展结构，并最终确定了三个节点进行进一步的空间形态层面的设计。这三个节点分别是生态廊道、村落以及裕安社区。

第一个节点是生态廊道，这是贯穿整个崇明岛的大的生态发展结构。前期围绕野生动植物生活习性的研究发现崇明岛生态廊道的连续性对于其本身的生态系统，尤其是野生动物的迁徙非常重要。所以针对廊道本身的技术要求，比如它的宽度、核心空间、缓冲空间、建成环境和自然空间之间的比例关系、跨越城市快速路时的处理方式等，我们都做了一些研究。

第二个节点是村落，主要聚焦于引入哪些新的元素来促进现有村落的可持续更新，并实现渐进性的发展过程。基于前期的调研，我们认为崇明岛现有的这些村落完全可以作为一个未来可持续发展的骨架，因为它跟河网、跟现有的农业空间有密切的关系，我们可以尝试在里面增加一些新的物质构成要素，一方面强化空间的围合，另一方面它的植入为三种不同形式农业空间的形成创造了可能：比如生产性的集体农业（collective agriculture）；比如交往性的社区农业（community agriculture），它可以通过一种共同的劳作、共同的生活，建立并强化一种社区感；当然还有自留地形式的院落式农业空间（courtyard agriculture space）。这三种空间不再仅仅是生产性的空间，它更类似一种社会纽带（social bond），通过这种物质性与非物质性相结合的纽带，强化并提升现有村落的单元结构，使其更加多样而丰富。在此基础上，随着人口的增加，会逐渐引入一些新的空间形态，用以强化单元结构之间水平向的联系，这其实是在更大的一个尺度上建立社区性乃至社会性结构的尝试。这些新的空间形态可以容纳更多的小微及创新、IT的产业，它可以提供与小村落混合在一起，但尺度、性质却略有不同的空间。同时，这些新的空间形态还为学校、医疗机构、超市等配套设施甚至社区的公共活动空间分布提供更加多样的可能。这种一步一步的过程（step by step）是希望通过设计带给这个村落自我生长、持续发展的路径。

第三个节点，选了一个特殊的案例就是裕安社区。裕安社区是一个为了腾出生态建设绿地，把农民转安置到一起而建立的封闭式安置社区（gated residence）。这个社区规模非常大，社区感（community sense）较弱。虽然是一个新建小区，但我们觉得它本身也有更新的可能。这个方案其实还应该有很多发展的前提，就现在的成果而言，它更像一个图解研究（diagram）。它的出发点是要在裕安社区里植入一个学校，而且是一个大学，一个分散到社区里的农业大学，通过这个办法一方面解决社区内部大量住宅闲置的问题，另一方面则试图缓解社区内部人口结构老龄化的问题。在空间组织设计方面，一些分散的教学空间节点会尝试与社区现有的不是那么有活力的公共空间整合到一起，进行功能上的更新。在外部空间的设计方面，则尝试在一个高密度的环境下，用垂直农业（vertical agriculture）概念将分散的住宅单元连接起来，让原本缺乏活力的社区公共空间承载更多的功能，或是重构其原来的乡村社会交往模式，使这些外部空间既是生产性的空间，又是交往性的空间，还是社区里景观性的空间。

王一：

下面我们进入一个开放讨论的环节，参与讨论的嘉宾有同济大学副校长伍江教授、同济大学建筑与城市规划学院彭震伟教授、天津市城市规划设计研究院朱雪梅女士、原崇明县发改委主任陆一先生、华中科技大学建筑与城市规划学院李保峰教授、同济大学建筑与城市规划学院匡晓明副教授、同济大学建筑与城市规划学院陈泳教授、同济大学建筑与城市规划学院张凡教授、佐治亚理工学院凯瑟琳·罗斯教授。请大家畅所欲言。

陆一（原崇明县发改委主任）：

讲到崇明生态岛，我特别有感情。崇明生态岛的规划是从2001年开始启动的，上海市主要领导成立了规划组，我当时在崇明担任发改委主任，作为崇明的代表全程参与，所以现在看到你们做这个东西我特别感兴趣。首先是表示感谢，然后我想提两个建议。第一个建议，针对国际级生态岛的这个概念，学术圈能否给它一个明确的定义？什么是国家级？什么是省部级？什么是国际级？有没有指标体系？我觉得应该有一个准确的学术诠释，这是我的一个建议。第二个建议，我感觉到你们做这个课题最难的是产业问题。我过去一直提崇明要发展生态旅游，必须要大项目带动。比如我们生态陈家镇就曾经规划过一个25km²的主题乐园区，后来缩减为20km²，计划做一个类似香港的海洋公园。我记得当时迪士尼建到香港的时候海洋公园非常惶恐，怕没有生意了，但是实践下来，2009年的时候香港海洋公园的游客量比迪士尼还要多一点。所以我们才会设想建一个海洋公园，于是请了美国的六面旗来搞水世界，但水世界依然没有建成。现在海洋公园建在临港新城了。那么陈家镇这20km²未来到底建什么，主题乐园还要不要建呢？如果不要了，规划改掉；如果要的话，又应该搞什么主题？是否需要把这块地拿出来再搞一次国际咨询？咨询什么？国际上的主题乐园有哪些类型？上海已经有哪些类型？我们如果补缺的话可以做哪些类型？如果没有补充的，是不是就不要做了？旅游产业到现在为止还没定下来，理由是没有大项目带动，我认为崇明的旅游如果没有大项目是成不了产业的，不能仅靠森林公园。旅游要搞，如何搞？我认为是我们要思考的一个问题。另一个问题，刚才王教授谈到IT行业很好，我也这样认为，但是IT企业为什么要到崇明岛来?主观上要的不一定是能来的。我想崇明岛要做的产业应该是上海没有而我们又有优势的产业。为上海补缺，我又有优势，这才最好的产业，最理想的产业。2014年4月份黄浦区做了一次专家咨询会，报道讲楼宇经济带来的危机，大意是随着互联网的发展，办公不一定到办公楼里面来了，所以靠楼宇经济带动经济发展，未来不见得是可持续的。我一看到这个报道马上意识到这对崇明未来发展或许是一个机会，崇明有崇明的特色，那么我想我们有必要研究一下这个课题，哪些条件能满足这些高端人士居住、生活、办公？崇明岛下一个阶段的发展，可以好好思考一下如何让这些人住到岛上来。

伍江（同济大学副校长，建筑与城市规划学院教授）：

同济大学以前一直参与崇明岛的规划设计，包括这次联合设计对这个崇明生态岛也做了深入的探讨，可以说从十年以前的那些规划到现在一直在一步一步地往前推。但我今天想讲别的东西，我觉得我们更多地探讨的是崇明生态岛怎么规划、怎么设计、怎么配置产业，讲了很多，但似乎有一个非常重要的问题被大家忽略了，就是我们为什么要建崇明生态岛。因为它是个岛就叫生态岛？那其他地方就不要生态了？所以为什么要生态，大家忽略了这个事情，我觉得非常有讨论的必要。我认为崇明生态岛它本身的定位应该是一个国家战略，也是一个区域战略，而非崇明岛自身的建设，然而现在我们做的规划和设计大部分是就崇明岛谈崇明岛，我觉得问题在这个地方。

那么，回过头来讲我个人的理解。作为一个国家战略或者作为一个区域战略，崇明岛为什么要建生态岛？上海的市域面积官方的统计是6400km²土地，非官方的统计是6600～6700km²。还有近300km²是哪来的？是从崇明岛长出来的，这部分像是上海口袋里面的“私房钱”，是上天给的。所以这300km²也就是前几十年上海给我们留下的一点点可以平衡的东西。所以我们现在6600km²多一些的市域面积中，建设用地的官方数字是3226km²，而3226km²当中，已经用掉近3000km²，号称还有200km²多一些的面积没有用。可是在3226km²建设用地之外，我们还占用了非建设用地名目下的600～700km²土地，这么说实际上我们已经面临用地负增长了：一方面到2020年还有200km²多一些的建设用地可用，另外一方面还得把这600～700km²不该用的土地还回去。这就是上海用地负增长的根本原因。

很多人问我为什么用地负增长，是因为我们用了不该用的地？事实上，今天上海已经基本没有新增建设用地，上海面临的问题是用地负增长，该用而没用的建设用地也已经不敢用。上海这么大的一个城市，这一点点没有建设的用地已经不足以保证我们的生态平衡。很多人研究过生态平衡的比例，最多为1/2，但我们现在建设用地占总用地比例已经突破了1/2了，我讲的还不是生态岛。这个6600km²，减掉3226km²，剩下超过3000km²的非建设用地，绝大部分是农业用地，这个非建设用地里面我们崇明岛占多少呢？崇明岛一共是1400km²还多一点，现在大家如果把边上面积算上，大概1500km²。1500km²是什么概念？是上海所有还没有建设的土地的一半，换句话说，如果上海没有崇明岛，上海的建设用地已经占陆上用地的70%以上，这意味着如果没有崇明岛，让上海这个城市生态起来是根本不可能的！怎么办？希望就寄托在崇明岛身上，因为那毕竟还是近1500km²，所以从这个意义上来讲，崇明生态岛不是为了崇明自己生态，是为了平衡上海的生态。

我们上海曾经在上一轮规划当中提出三分之一的土地建造森林计划，三分之一的土地大概2000km²，但现在基本没有达到。上海现在的森林，如果统计一下，大概占整个上海土地的13%～15%，这个数字基本无法保证上海成为一个生态城市。但是如果在现有的13%左右的基础上再加上1400～1500km²的森林，我们上海的森林覆盖率便可以大概接近三分之一。如果这样，上海还有可能成为一个生态理想的、宜居的、环境美好的世界城市。

所以从这个意义上来讲，崇明对上海最大的贡献就是不要盲目开发建设。崇明有户籍人口68万，具体应该是70万的常住人口。流出流入折算后还是差不多60多万人口。上海市总人口约2500万，60万只是2.4%。上海人97.6%的人勒紧裤带，这2.4%的人还养不起么？换句话说，我们只要把需要保护的东西放在一边不动，也有足够的空间来发展我们想发展的东西。

我认为历史保护和生态保护是一回事情，只不过一个讲文化，一个讲自然，所以从这个意义上来讲，我个人观点，崇明如果要真正成为一个生态岛，真正成为维护上海生态平衡的一个重要的砝码的话，它的生态量不仅仅要满足自己的比例，更要给上海做出极大的贡献。好在崇明人口在1500km²的土地上一共只有几十万人，崇明的几个聚居点加在一起，总的规划可建设面积大概不到100km²，如果我们1500km²的岛上只有100km²是建设用地，那么还有可能把剩下的1400km²种上树，还有可能让崇明成为一个基本上合格的生态岛，还有可能让崇明来平衡上海的总体生态。

经常有人问我崇明发展什么产业？我说崇明，最好不要有产业。岛上应该种上树，然后这个树林里面有松鼠，有松果，有各种各样的山珍，几十万人可以靠采集收益，再对崇明人卖出的东西免税。我的想法可能极端，但是我希望大家能够想一想崇明到底应不应该这样发展。

凯瑟琳·罗斯（Catherine Ross，佐治亚理工学院教授）：

I agree with everything that you just said we are doing work on mega-regions those are large cities functioning as mega-regions, asking the question what areas are in close proximity that could help that city be great? So the island presents an opportunity just as you suggested to make even better the way we do most things, green space, trees over canopies a place that may be totally different from the quality of life to be much much higher. I'll give you an example. In Atlanta, our city, half of our city area is covered by a tree canopy. We are a city in a forest, and it has become a major attraction. It didn't start out that way, but we continue to build on it. Every neighborhood we have it tends to appear is sort of renowned that way. So the idea in the global economy isn't necessarily all about where we live. It's to take advantage of those resources that are in close proximity that helps you do better and often helps that resource, an island, and this to do better. This is a brilliant idea. Thank you.

我同意您刚才说的所有观点。我们现在研究讨论的巨型城市区域是由很多大城市共同构成的，因此，我们必须知道在这些大城市周边，什么类型的土地有利于这些城市未来成为更好的城市。正如您建议的那样，崇明岛给我们提供了一个机会，一个让我们可以做得更好的机会，绿色空间，被连绵树冠覆盖的城市可以提供更高品质的生活。举个例子吧，在亚特兰大，我居住的城市，城市中一半的区域是被连绵的树木所覆盖的，我们是个森林中的城市。这已经成为亚特兰大吸引人的地方，可它开始时并不是这个样子的，是我们有目的地持续地建设的结果。我们要求每一个邻里空间都必须能体现这一特点。因此，我们不能仅将我们所居住的建成区的建设状况与全球经济状况挂钩，还应该充分利用甚至提升城市附近的非建成区域，譬如这个岛的资源优势，这样做应该更好。这真是个非常棒的主意，非常感谢您的建议。

张凡（同济大学建筑与城市规划学院副教授）：

我的研究方向是城市更新和历史保护，生态这个问题我觉得是个非常大的话题，涉及的问题非常多，不仅涉及政治、经济、社会，还有生态这个指标。我谈一些自己的体会，但不一定正确。

首先，我认为从大的生态理念上来讲，城市历史文化保护也应该作为城市生态的一个重要的价值体现。我觉得城市文化的多样性，是城市健康可持续发展的一个重要的根基，如果文化都没有了，只注重自然生态，它的可持续性就会打折扣。其实文化也是城市生态很重要的一个方面。第二，城市更新当中也需要考虑生态设计，这也是个重要的研究内容，也就是说如何在城市更新过程中既能够实现这个城市自然生态，也能保护好城市的历史文化。比如说，城市更新有特殊的矛盾，这些矛盾不单是生态的，还存在更多其他的矛盾，例如社会的矛盾、经济振兴的矛盾、历史保护的价值取向等，以及这个活力创造的问题。所以公共目标可能是多元的，如果是单一的，就不能实现建成区可持续发展。第三，我觉得是要兼顾各种理论。任何一种理论都需要适应和调整，所以当理论落地时，城市尺度、文化背景或者说具体情况下涉及的规律是我们将来所必须面对的。

匡晓明：

刚才伍校长讲的是转移支付的策略吧？

我认为在保护当中，我们不完全是一个转移支付，我们可以有积极的作为。比如开发性保护或者是保护性开发。所以从这个意义上讲，我们在做一些小的事情：崇明岛既要保护，但是也要发展。而开发是服从于保护的这个大的概念，也就是在剩下的100km^{2}我们怎么样做得更加生态。

我在围绕崇明岛的这次活动中，深深体会到崇明岛开发的三种可能性。第一种可能性就是外面的人我们不管，只考虑本地人怎么样在这个既有的环境里渐进地生长。第二种，就是目前崇明政府可能比较关注的，怎么吸引外面的人来。主要是通过房地产开发的方式，多卖房子，让上海人多过来。其实我们当初的设计在努力回答这个让谁来的问题。我自己还有一个理想，这就是第三种可能性，让崇明岛既有本地人也有上海市区人，让他们都来崇明岛居住或者工作。这种混合是面向企业的，让那些大企业在崇明岛既能聘用到崇明本地人，也能聘到上海甚至其他地方的技术人才。所以，我希望都能够混合在一起，这是我们当时的一个理想。

杨沛儒：

刚才匡老师提到，怎么样吸引全球最好的人才到上海或到崇明岛，用独特魅力的环境吸引他们来。所以刚才那个方案其实并不是反对开发，而是提出一个不同的开发模式。在既有的系统里为谷歌、思科（Cisco），或者是IBM这些国际级大企业找到他们的特色发展空间，而不仅仅是自上而下的大规模开发模式。所以在这里回到第二个问题，生态城市的建设，如果它的命题是在不得不开发的情况下，未来15～20年有3亿人口变城市人口，如何继续保有生态？就是说生态并不一定反对开发，而是一种生态模式的开发。伍老师认为崇明应该是上海最棒的自然基底。那么中国下一阶段城市化的观点，有没有可能找出一个模式，然后再去重复，并进一步产生影响力。

伍江：

我认为崇明岛的作用是独一无二的。它是中国的第三大岛，是唯一。它对上海所能够起到的生态作用是不可取代的，因此一定一定一定要把它保护好。当然刚才讲我们在快速城市化，有大量的农村人口进城，就像上海这样城市是不是应该能够在更生态的情况下来吸收更多的移民？我觉得这个话题是存在的。但是能不能不要在崇明岛？比如说我个人的一个观点，我们上海有很多新城、很多新区，规划容积率极低，我上午刚刚从某新城过来，道路红线有的是100m宽，房子间距很大，都是花园式的。如果两栋房子之间再加一栋房子也蛮好的，这对土地真的是巨大的浪费。我认为这些地方倒是可以好好利用一下，把它充分发展起来，把土地的利用效率提高。而崇明呢，最好不要碰，这是我的观点。

彭震伟（同济大学建筑与城市规划学院教授）：

参加了本次活动收获很大。最大的一个收获是看到大家在讨论的时候，对生态概念的理解非常广。那么我在这里做一个非常小的调查，在座的各位有多少知道我们今天讨论的崇明生态岛，这与崇明生态县有什么样的关系？有多少人知道在崇明岛上还有崇明区以外的地方？我告诉大家，崇明岛上还有隶属于江苏省的两个乡，一个叫海永，一个叫启隆。这两个乡我都去过，我觉得这里讲的崇明生态岛，实际上都在讲上海崇明区的生态发展，没有讲那个隶属于江苏的两个乡。崇明岛上面最高的楼有100m，很多人都会大吃一惊，说为什么崇明区要造那么高的楼？崇明区说，这不是我们的，这是江苏的。这意味着什么？这意味着两个区域实际上从生态、经济、社会各个方面都完全不一样。那么我想，我们现在讲的这个崇明岛的生态、生态岛的发展，实际上都是自上而下的思路，比如上海需要崇明岛如何发展？国家需要崇明岛如何发展？刚才伍校长讲得也非常重要。但同时我想补充一点，基于崇明生态岛的发展策略，还要适当考虑一下自下而上的需求，这个很重要，把这两个结合起来，才是完美。

朱雪梅（天津市城市规划设计研究院）：

作为一个外地人，今天听到很多领导的评论很有收获。2014年参加过一个经济活动，讨论崇明岛的经济、空间，它扮演什么样的角色，它的活力究竟怎么样？我觉得这是一个专门的话题，尤其是经济活力，需要深入研究。第二个是社会公平，就是崇明岛的发展到底是崇明岛当地人的事情，还是把它作为上海的一部分来考虑。这些话题其实都是可以深入地展开，但是它到底对上海是否公平，对当地人是否公平，怎么去判断？譬如生活质量，是从上海的宏观角度上讲，为整个上海市民的生活质量提供一个保障；还是为当地居民提供一个保障？他们住什么样的房子，整个真实的生活状态是什么样的？我觉得这需要非常深入的调研。第三个是生态，整个生态系统和自然的关系，是一个什么样的关系？一定是非常非常直接和具有画面感的。要可以看到、做到，就是画面很清晰。

杨沛儒：

如果崇明岛跟上海市区之间有一个城市发展边界（Urban Growth Boundary），在人口已经增长的情况下，我们进行人口置换，或许崇明有机会发展出另一个新模式。这次到崇明的实际调研让我们意识到我们现在面临的问题可能就是开发模式的问题。

彭震伟：

这两天活动密集，总共有四个主旨报告，有20多位专家分四个专题进行相应的报告，同时还有相应的专家圆桌讨论，以及教学活动等相应的活动，非常丰富。我相信大家都跟我一样都有非常大的收获。因为我自己参加过很多类似的城市设计研讨学术交流，我觉得我们这次活动有一个非常大的特点，就是这是一个全方位的、多学科来共同研究探讨城市设计的一个盛会。我数不清楚我们到底有多少学科融入这个研究里面，有建筑学、城乡规划、风景园林学、环境学、土木、管理、能源领域等非常多的专业学科。这是城市设计最核心的方面，而生态还是一个相当复杂的主题。这个会议应该说非常丰富，也有很多的成果。

同时也非常感谢来自国外、国内各个院校，以及设计单位、国内外事务所、规划管理部门、开发部门的各位同行。城市设计备受关注，需要我们从不同方面综合地、共同地探讨。我觉得这是此次城市设计国际研讨会跟以往非常不同的一个内容，希望能够持续下去，使这个论坛能够成为我们研究、实施城市设计的一个平台。在这里，共同为我们全人类、全球的城市设计做贡献。

深度

崇明岛生态城市设计

/ 生态绿廊

/ 耕织单元

/ 农耕城市

生态绿廊

生态绿廊设计在崇明岛生态城市设计中主要隶属于聚焦自然生态系统的机制与形态设计，它是崇明岛及陈家镇总体概念规划可行性研究的基础。

机制方面的研究主要包括两个方面，其一是生态绿廊的分期建设发展可行性研究；其二是生态绿廊缓冲区的生态人居模式研究。作为水土涵养区、多样态物种栖息地与迁徙廊道，连续的、系统化的生态绿廊建设是崇明生态岛能否实现的关键。崇明现有水网密布的农业灌溉系统、林地系统以及陈家镇镇域内得天独厚的东滩湿地保护区，为陈家镇区域生态绿廊的建设提供了有利的生态资源基础。基于此，学生们从物种栖息与迁徙的角度切入生态绿廊的方案设计，将育林、拓宽河道、重建湿地、降低生态涵养区内居民密度作为主要的技术手段，计划分两个阶段历时25年完成生态绿廊的建设。生态绿廊核心区内的原居民将搬迁至绿廊之外，缓冲区内留下的居民也将改变其旧有的农耕习惯，结合观光旅游进行畜牧、渔业与农耕相结合的流动式生态农业生产模式，居民们的生活方式也会有所改变，更多依赖绿色、低技、环保的能源供给模式以减少对缓冲区的影响。

形态设计方面主要尝试将上述理念在空间层面上予以呈现，同时对一些技术问题，譬如生态廊道与城市道路交接处的具体处理进行方案研究；对于缓冲区内的新型生态村落的空间组织方式进行类型学层面上的探讨。

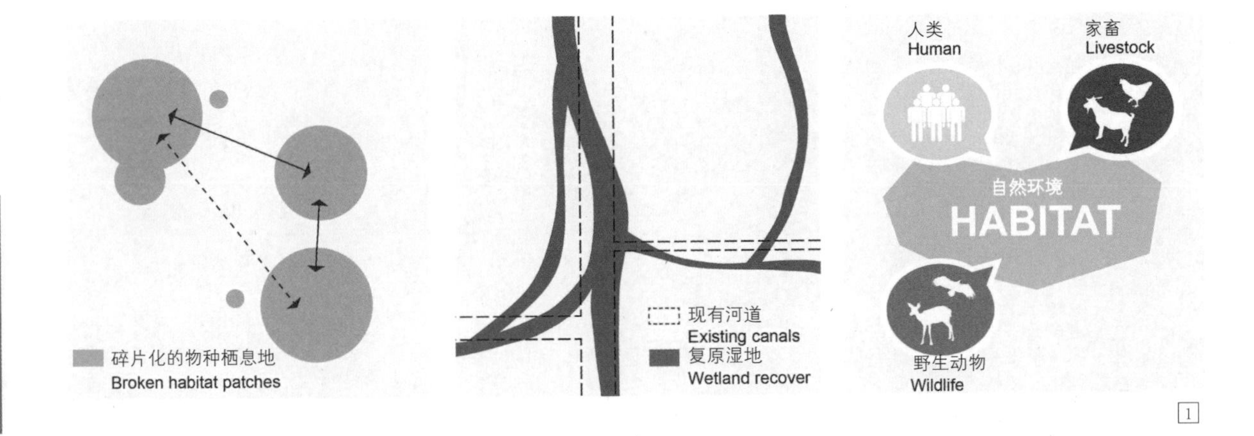

1 生态绿廊的三个策略。由左至右分别是：
- 连接断裂的生态走廊；
- 湿地再生计划；
- 重塑生态栖居空间

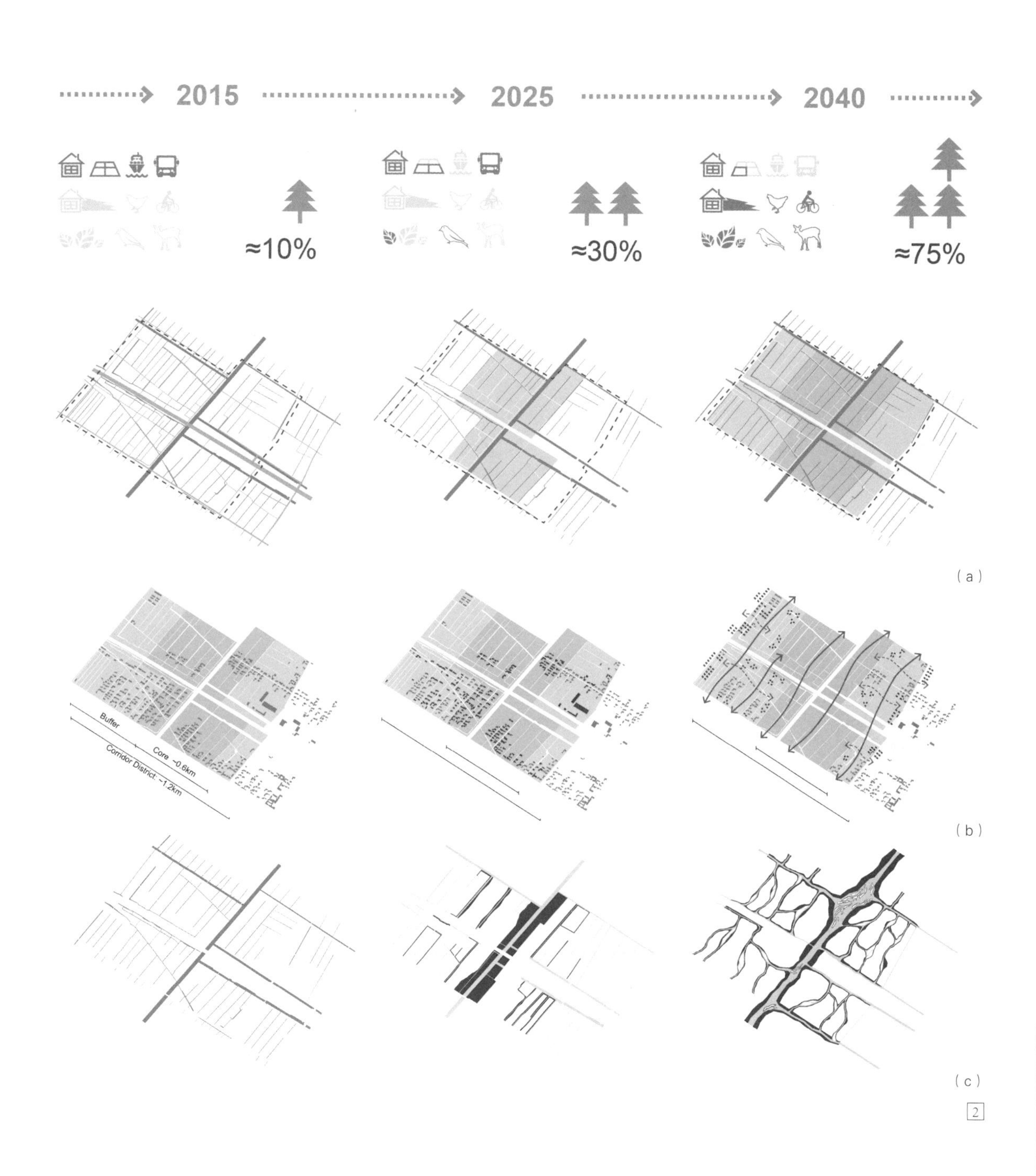

2 生态绿廊分期发展建设图示

（a）以河道为中心的生态涵养林建设。至 2025 年重点建设核心区，林地建设完成 30%；至 2040 年，拓展至缓冲区，林地建设完成 75%。

（b）生态涵养区村落疏散规划。至 2025 年核心区内部的居民点全部迁移，缓冲区减少密度部分搬迁；至 2040 年，迁出的居民点转安置在生态涵养绿廊周边，形成新的聚落。

（c）以河道为中心的湿地及沿河缓冲区建设。至 2025 年，完成对现有河道的疏浚、连通、拓宽、滨水区生态基质养护；2040 年完成生态涵养区内的湿地再生

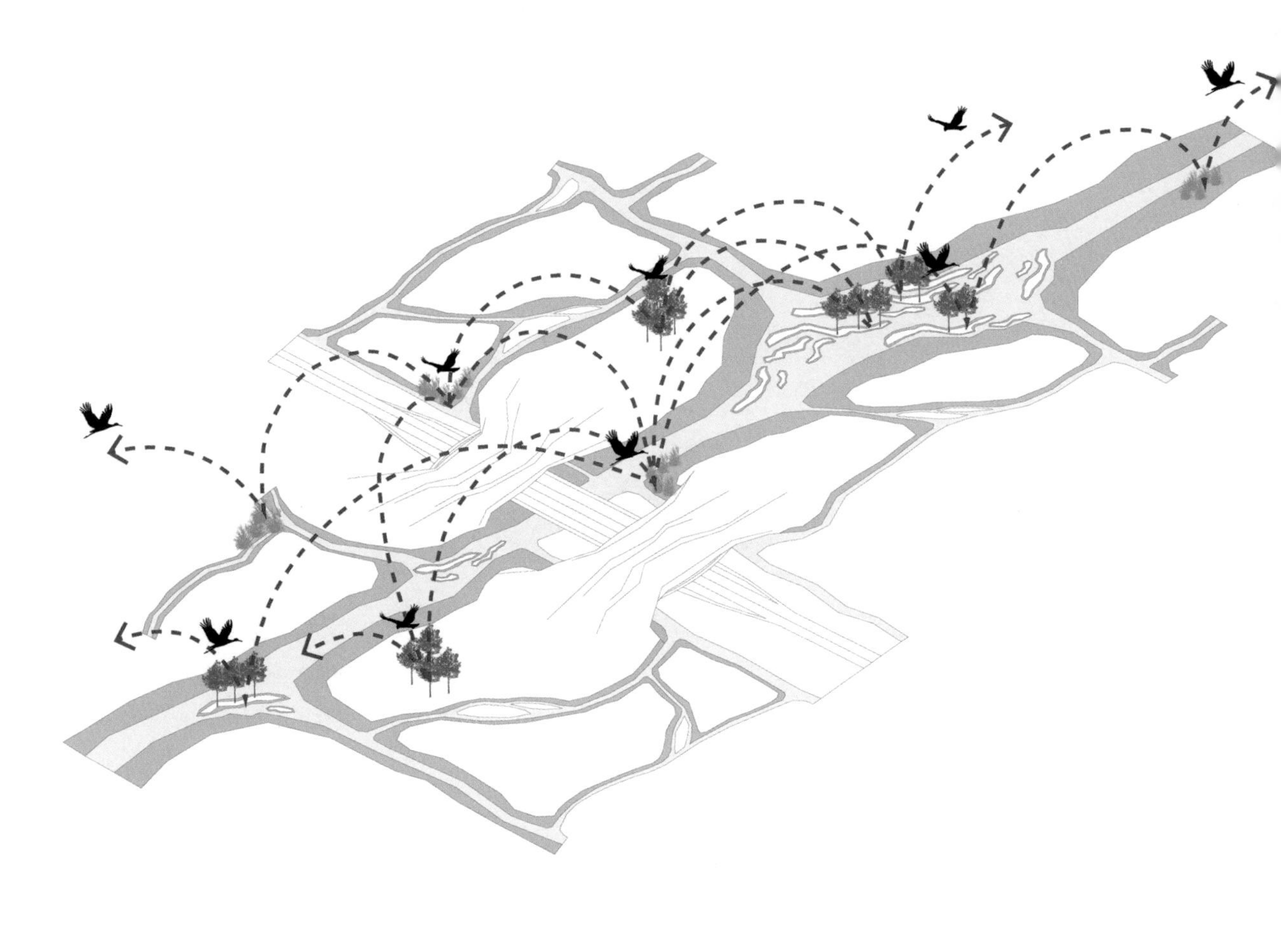

3 迁徙与栖息地重建。由左至右分别是：
- 水鸟迁徙路径与栖息地空间布局示意；
- 陆生动物迁徙路径与栖息地空间布局示意

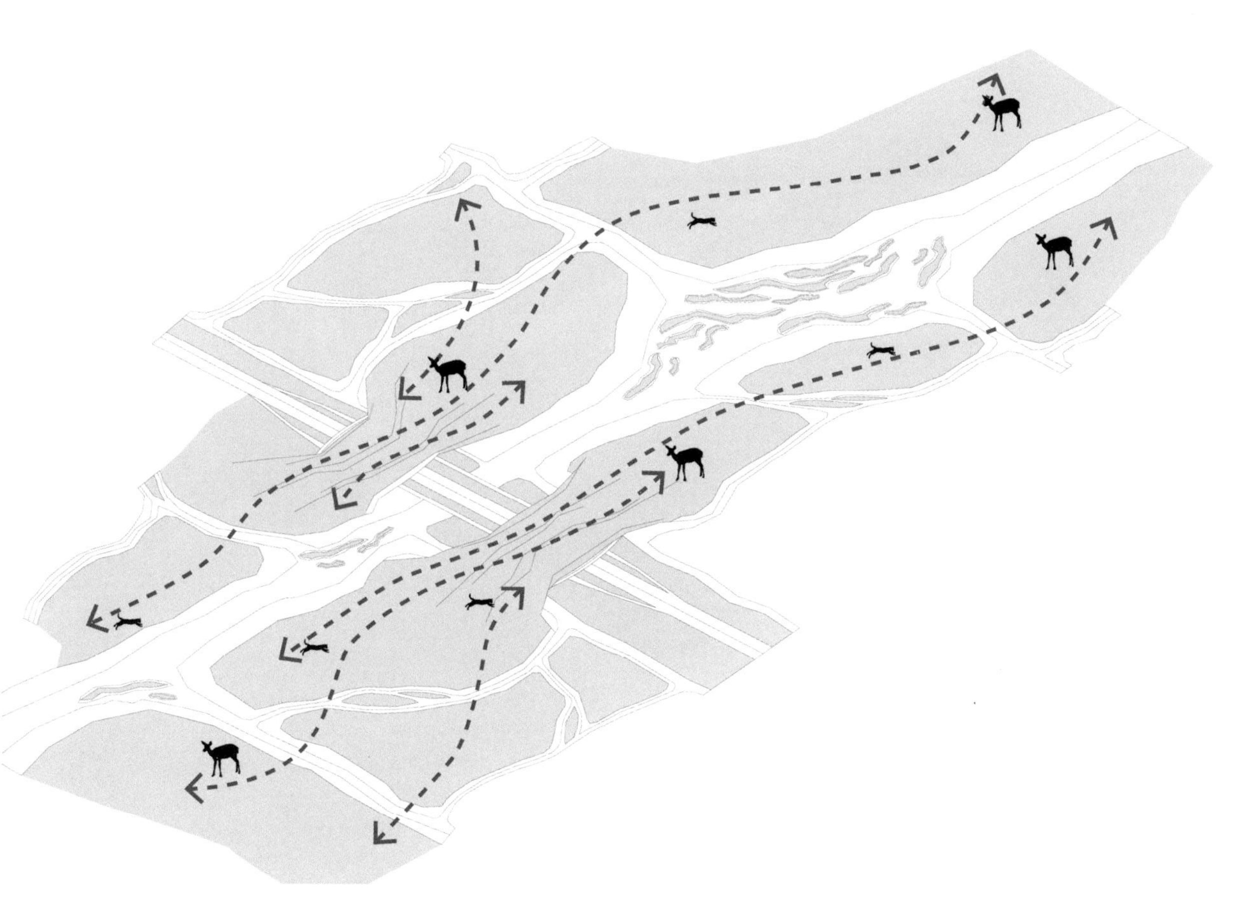

3

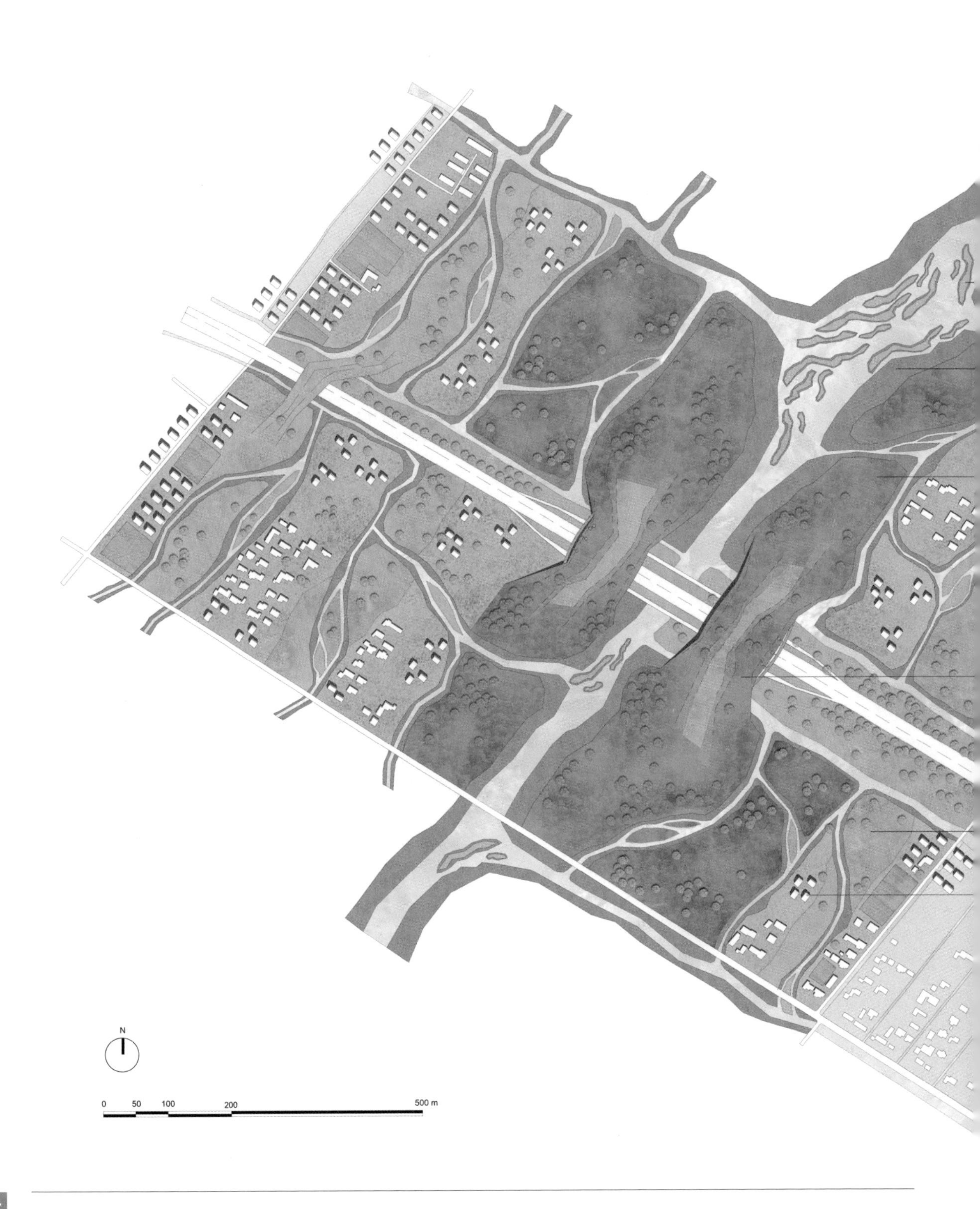

4 生态廊道总平面图

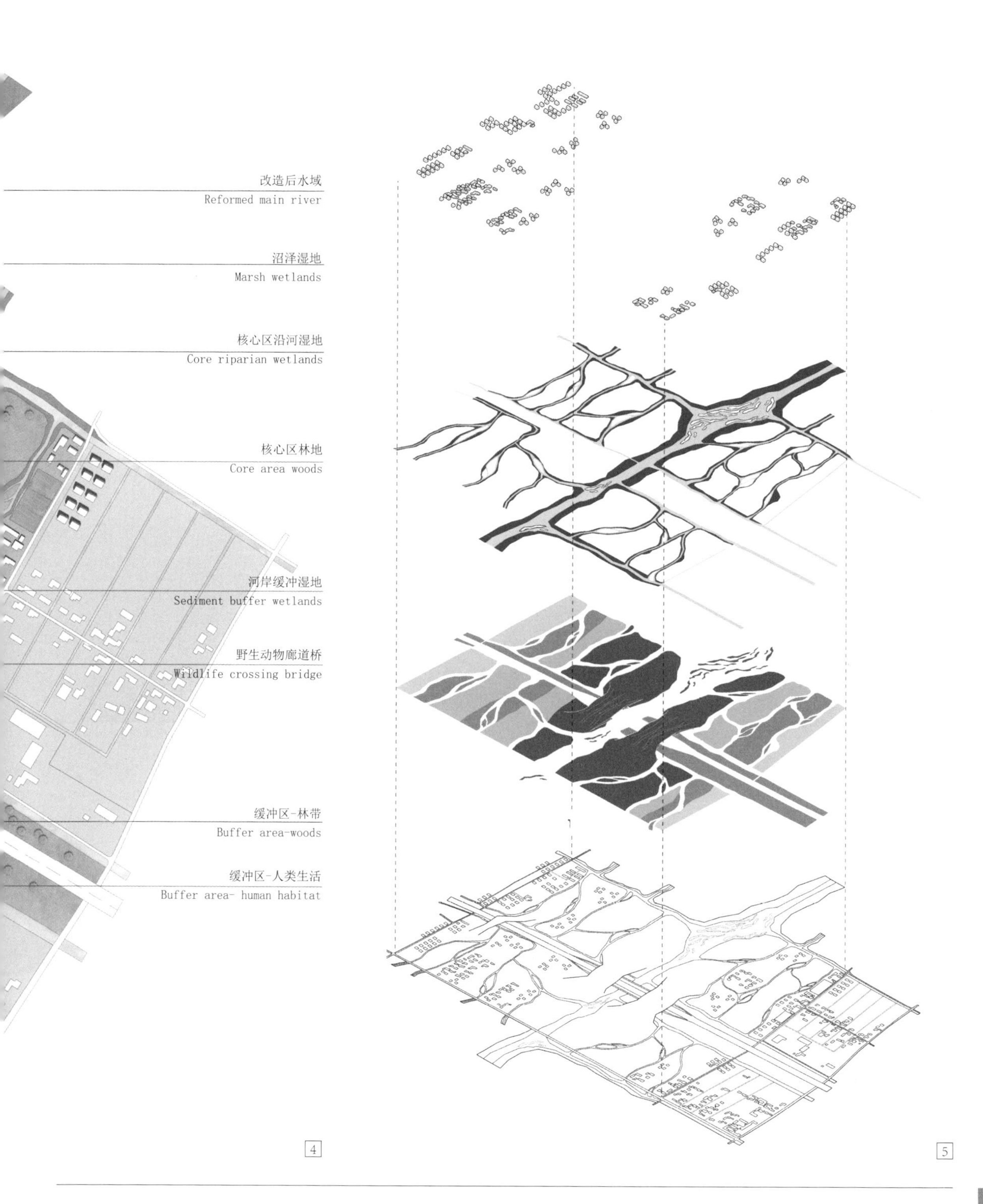

5　生态廊道内各要素组成分析图
由上至下分别是：聚落、水网湿地、绿地系统以及三个要素的叠图

6 生态廊道内栖居空间结构性示意图

其中：核心区：河岸（水鸟、两栖动物、鱼）+ 树林（陆生动物）约 600m 宽，足够形成生境，没有人类活动或建设行为；

缓冲区—林带：60~120m 宽林带，以供野生动物迁徙，少量人类和家畜活动，基本没有建设行为；

缓冲区—农业带：重新建设的村庄聚落，适量居住和旅游业、生态农业和生态旅游、人类居住、散养家禽畜牧业

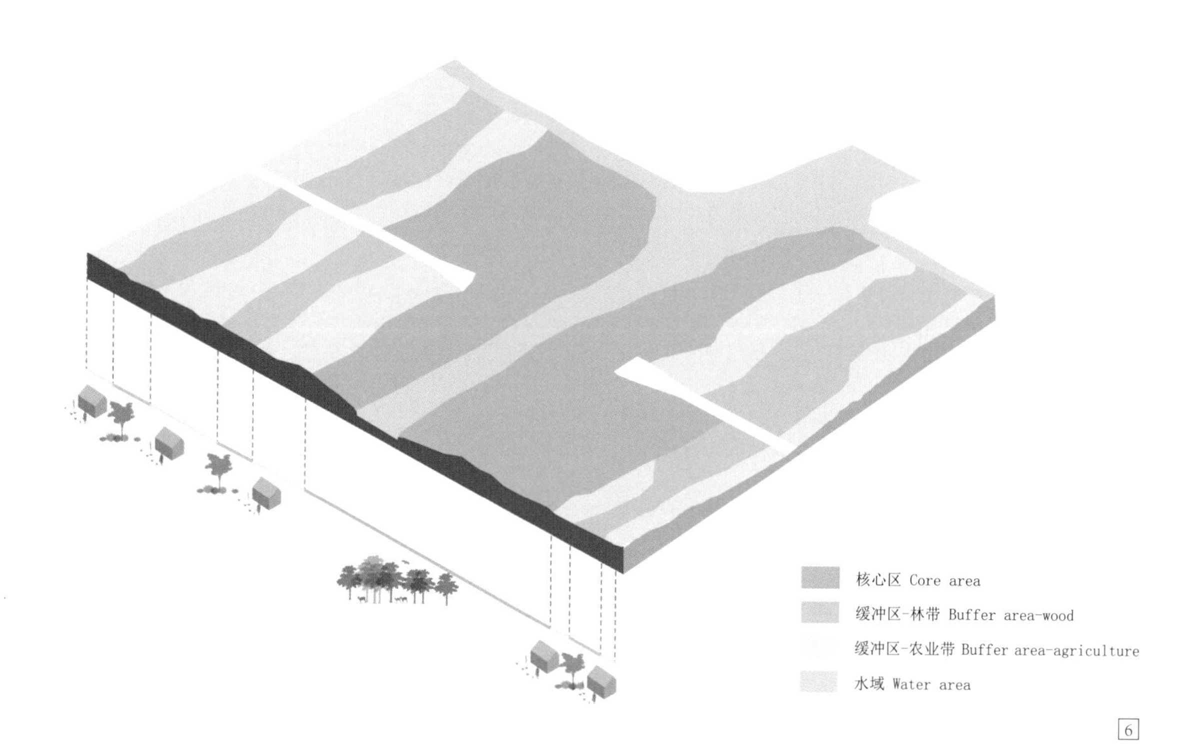

7 生态廊道内栖居空间剖面关系示意图

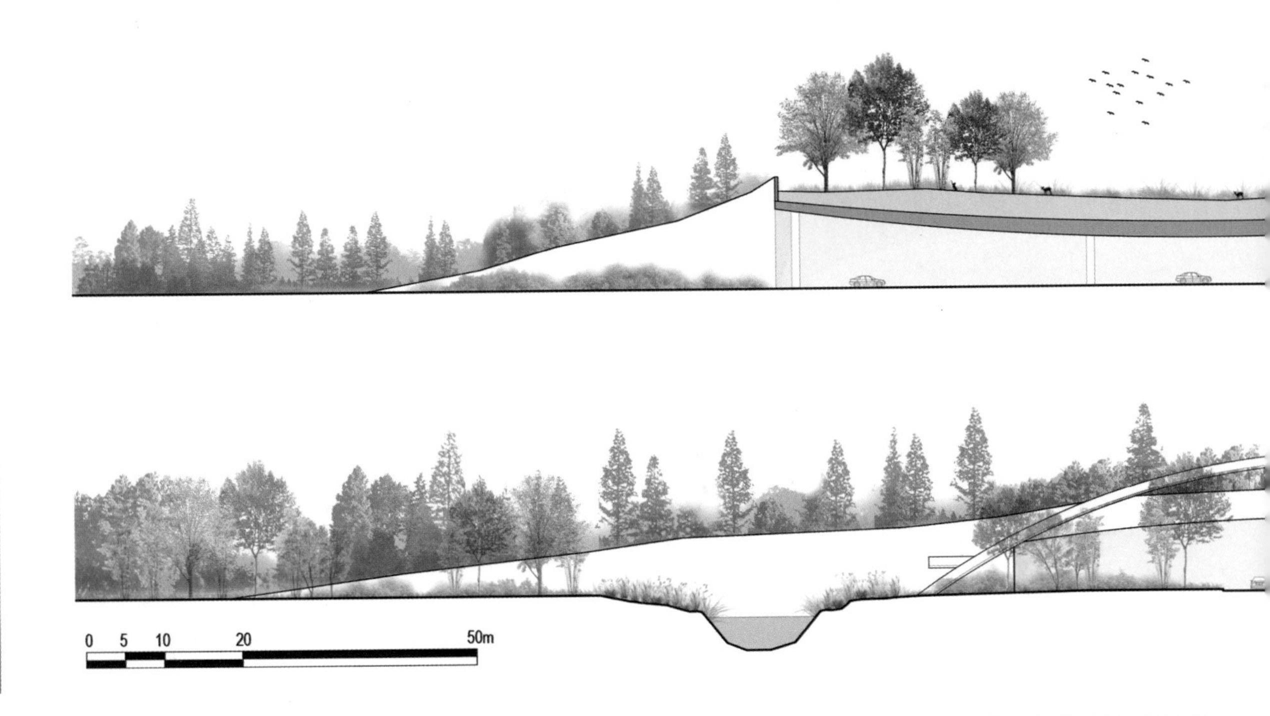

8 主廊道桥节点示意图
架桥的目的在于解决核心区内高速路打断廊道连续性的问题。桥宽约 100m（足够的迁徙宽度），轻质结构。沿廊道桥（并不直接相连）设人行天桥和观光塔。

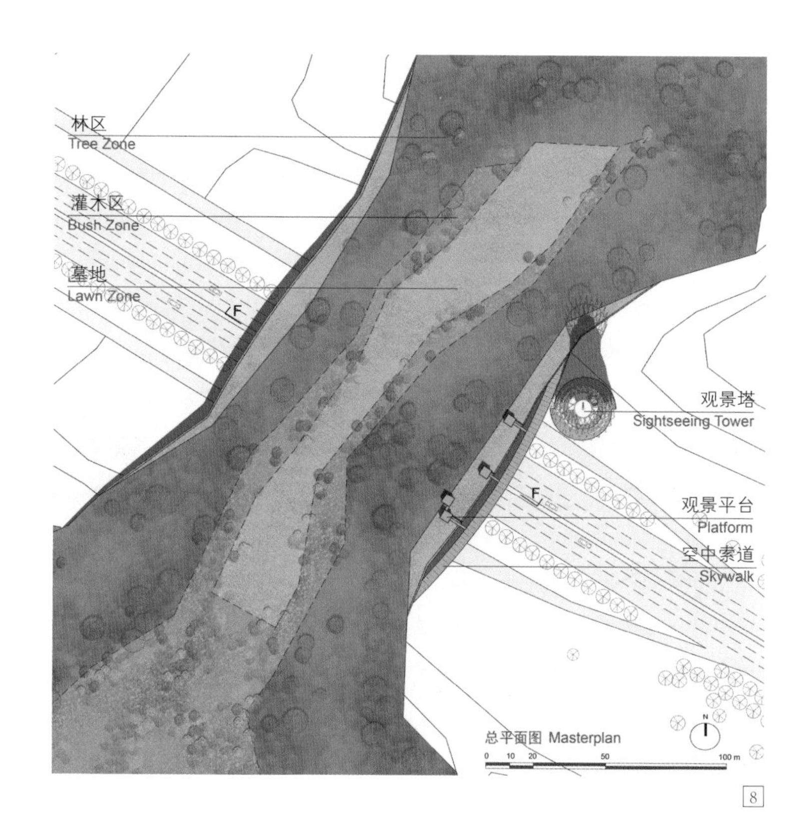

8

9

9 主廊道桥剖面示意图

10 生态廊道缓冲区聚落空间组织形态示意

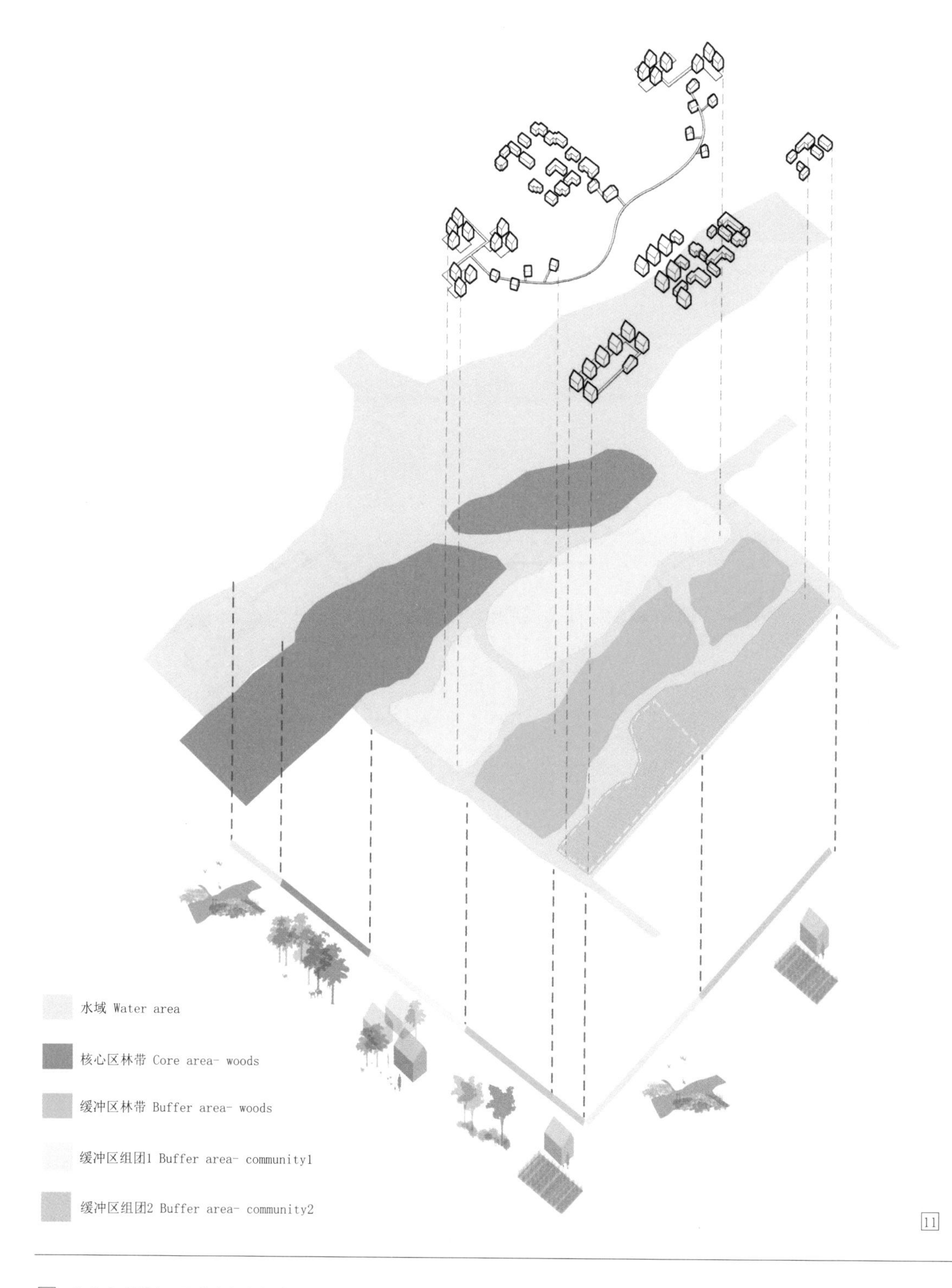

11 生态廊道缓冲区聚落空间各构成要素组成分析图

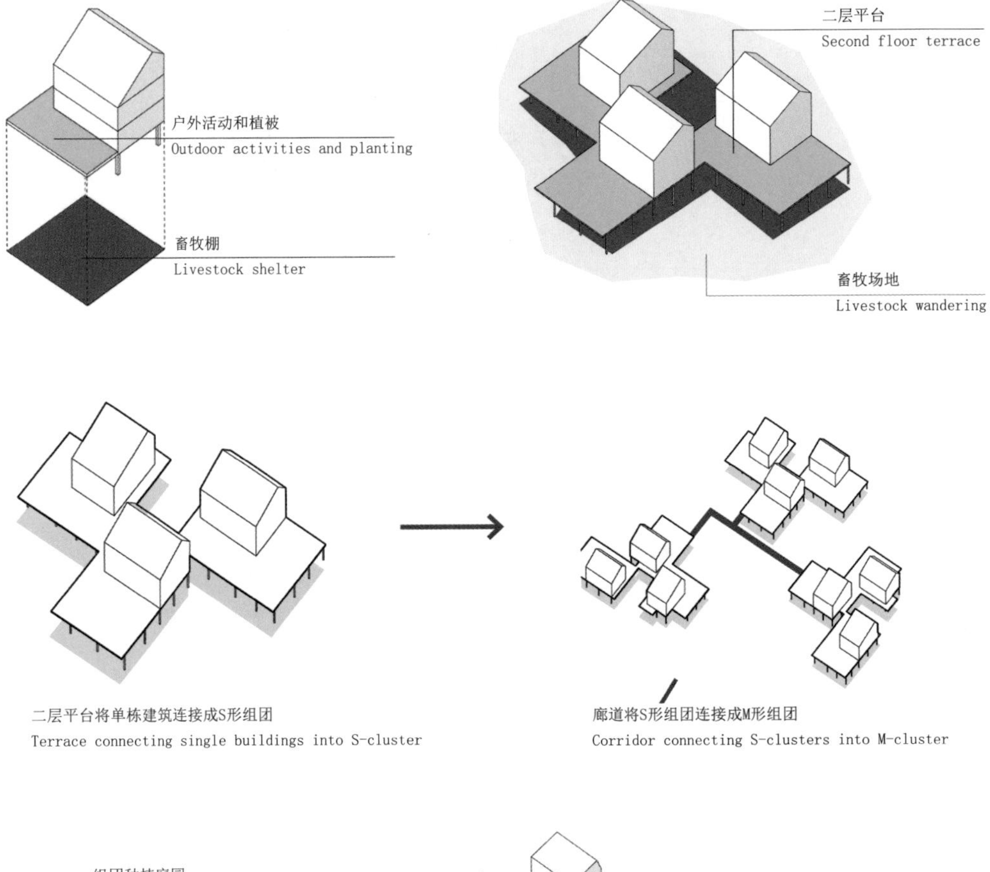

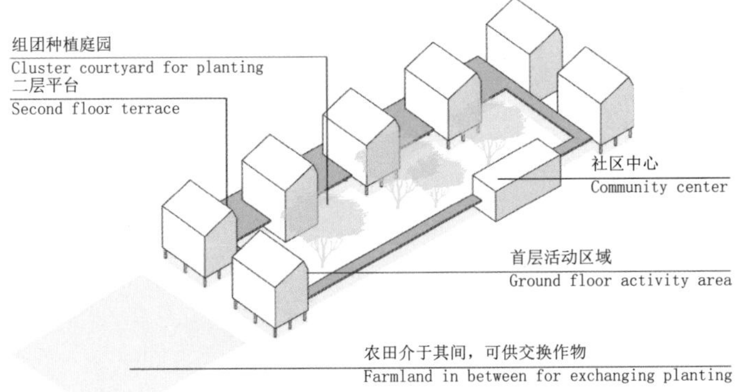

12

12 生态廊道缓冲区聚落单元空间构成图解

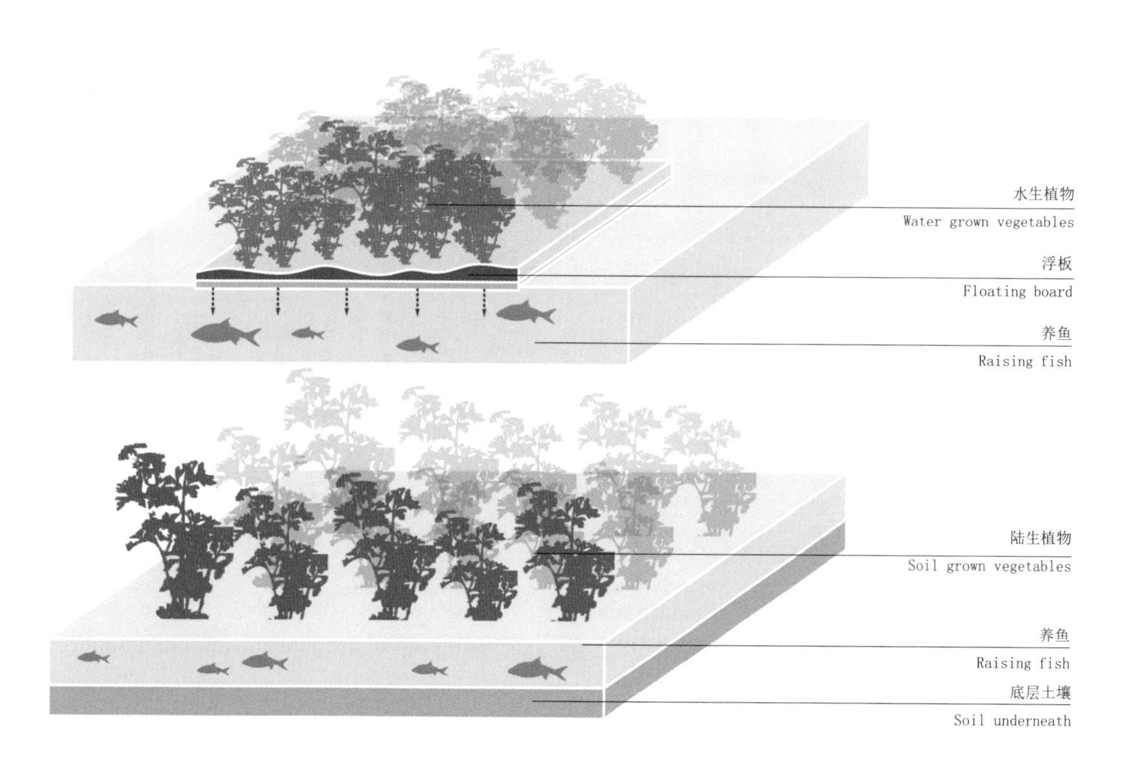

13 缓冲区生产方式——鱼菜共生系统图解

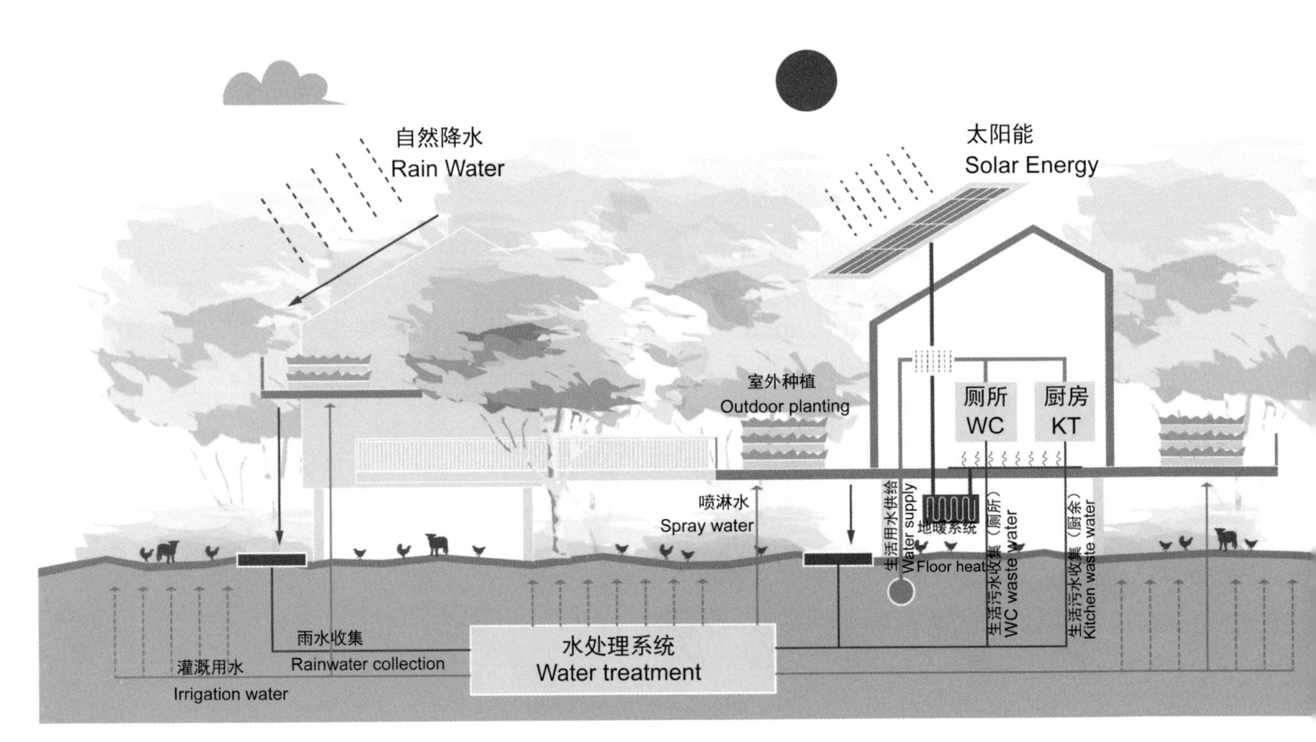

14 缓冲区生态民居能源利用图解
由左至右分别是：水循环与太阳能系统，生物质能的应用

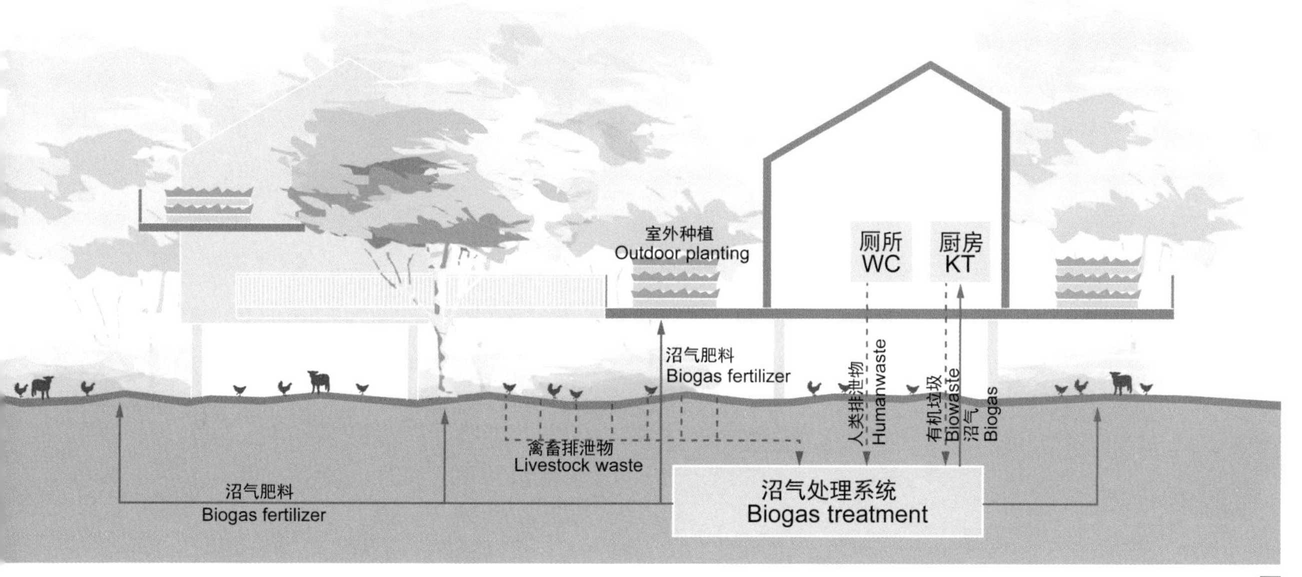
室外种植
Outdoor planting
厕所
WC
厨房
KT
沼气肥料
Biogas fertilizer
人类排泄物
Humanwaste
有机垃圾
Biowaste
沼气
Biogas
禽畜排泄物
Livestock waste
沼气肥料
Biogas fertilizer
沼气处理系统
Biogas treatment

14

耕织单元

[1]

人口结构
AGE STRUCTURE

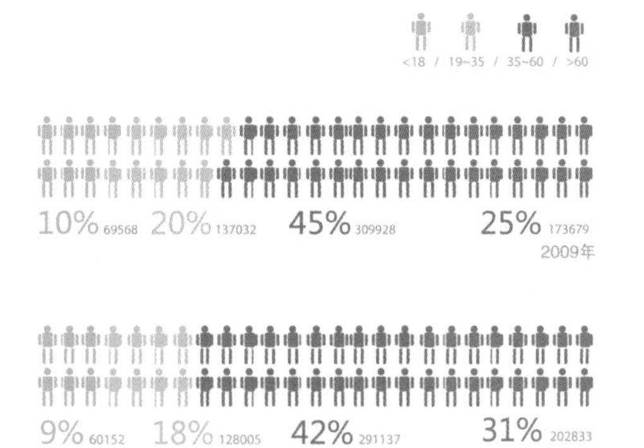

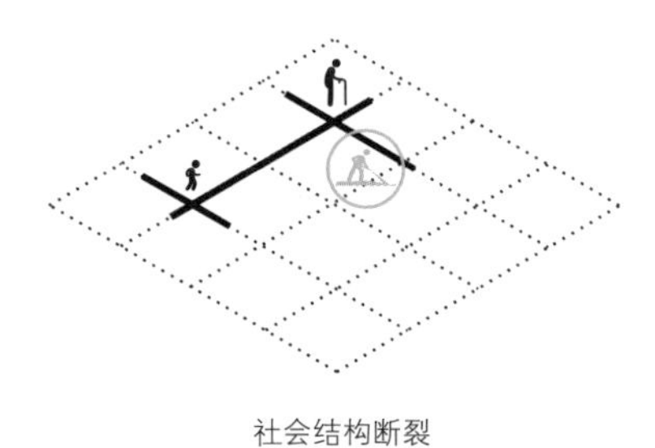

社会结构断裂

产业结构
INDUSTRIAL STRUCTURE

农业/手工业/服务业
AGRICULTURE / MANUFACTURE / SERVICES

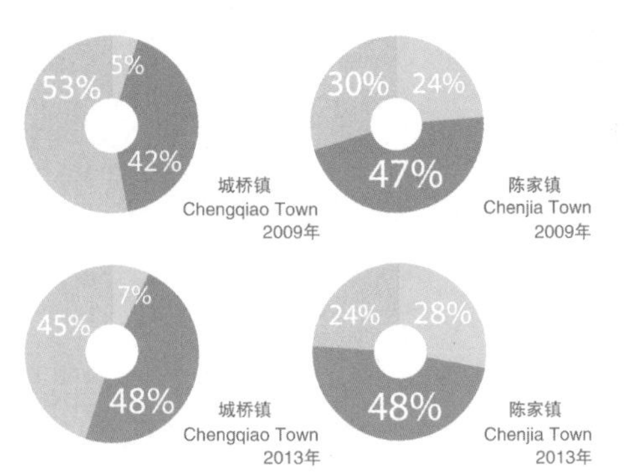

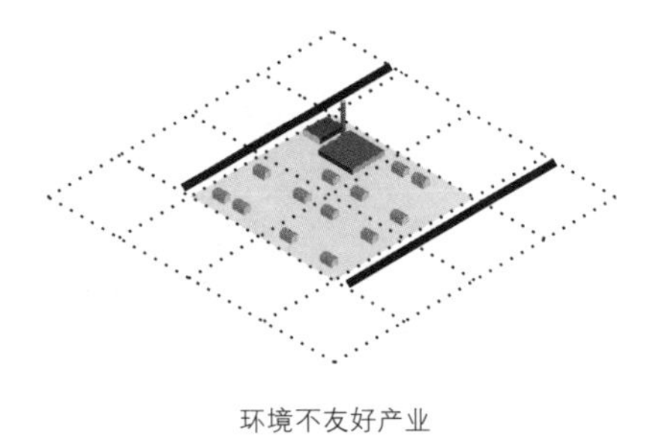

环境不友好产业

[2]

[1] 崇明岛社会与自然发展现状

[2] 崇明岛人口结构与产业结构发展图解

- 社会人口年龄结构失衡，老龄化、年轻劳动力减少；
- 产业结构，农业为支柱产业，但依然有发展潜力

耕织单元设计在崇明岛生态城市设计中隶属于自然生态系统与社会生态系统相结合的机制与形态设计，是崇明岛新型生态乡村建设模式的探讨。

整个方案设计聚焦于崇明岛近年来社会结构及与之相关的乡村生活所发生的巨大转变。留守老人、闲置废弃的房屋、日渐疏离的乡村生活、独特的乡村空间组织形态……这是学生们在田野考察过程中最大的感受。在随后的人口及社会经济文献调查研究过程中，大数据的统计使感性观察逐渐转变为对现象的理性分析，促使设计中思考是否存在一种新型的乡村发展模式，既能够维系原有的乡村空间格局，把原住民重新吸引回故乡，同时还能够引入高附加值的产业并一定程度上保留农耕这一简单的生产方式。学生们尝试用方案设计来诠释“ECO^2”的理念，即让自然与社会生态保护与经济发展实现共赢。

首先在空间形态设计层面，提出了缓冲区（buffer）这样一个概念，它是乡村空间形态的基底，既可以被看作是乡村社会每一个耕织单元社会生活、农耕生活的容器，同时又承担这一耕织单元土壤、水、微气候环境生态修复的职能。整个规划设计区域包含无数个大小不一的缓冲区，缓冲区之间在空间组织上彼此连接，类似一个生长的结构最终与整岛的主、次生态廊道连接。

其次是发展机制方面的探讨，提出耕织单元这样一个概念，但这个耕织单元与传统农耕文化中的耕织单元是有所差别的，它的思想内核是提倡一种分布式的、环境友好型的产业组织方式，即以生态农耕为基底，同时组合诸如创意文化、IT、远程教育等不受空间区位限制的高附加值产业类型。每一个耕织单元规模不等，受引入的产业类型及规模影响，大量闲置的村舍可以通过功能置换更新为工作空间。每一个耕织单元类似一个社区，原住民与“房客”共同工作、生活在这个区域内，相互协助、彼此支撑，而农耕缓冲区则成为了这一新型乡村社区的邻里公共空间。

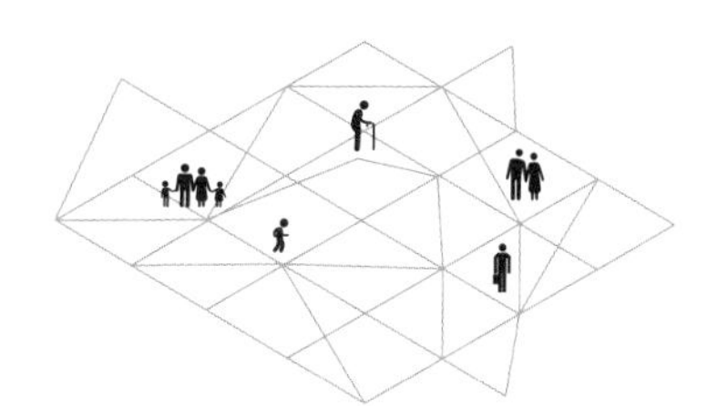

路径 1 插入产业与人口

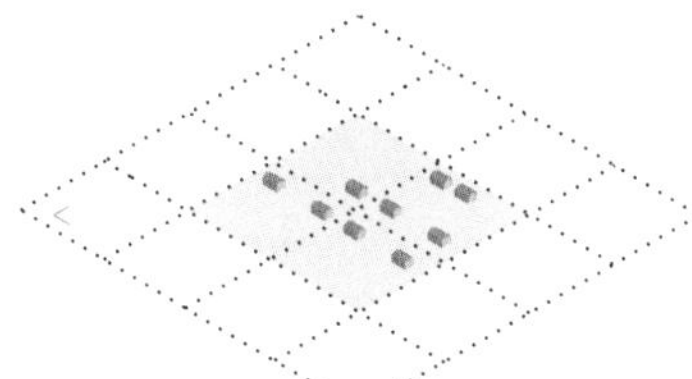

路径 2 去除不友好产业

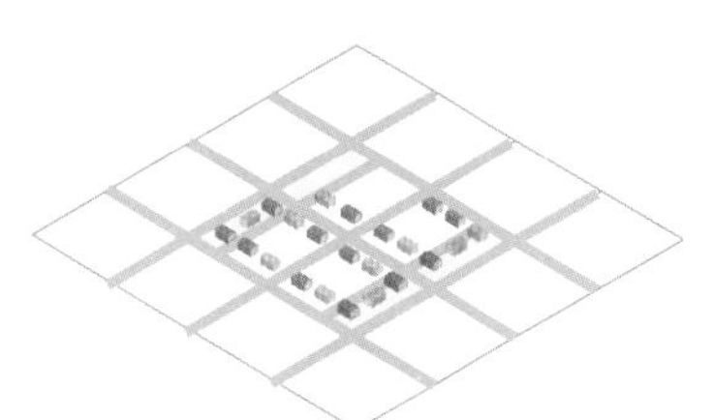

目标 ECO^2

3

3 陈家镇乡村社区建设的路径与目标

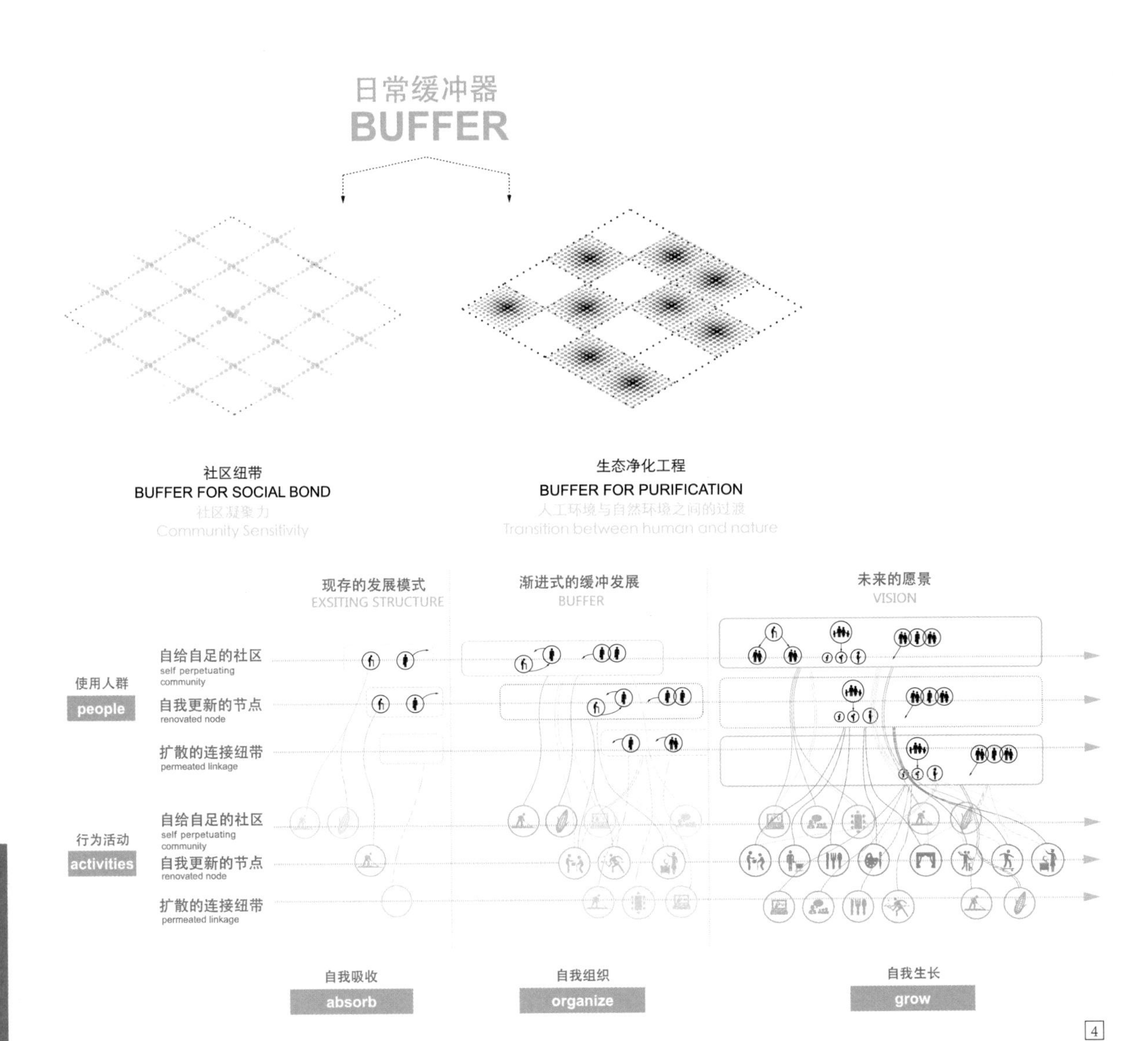

4

4 陈家镇乡村社区建设策略

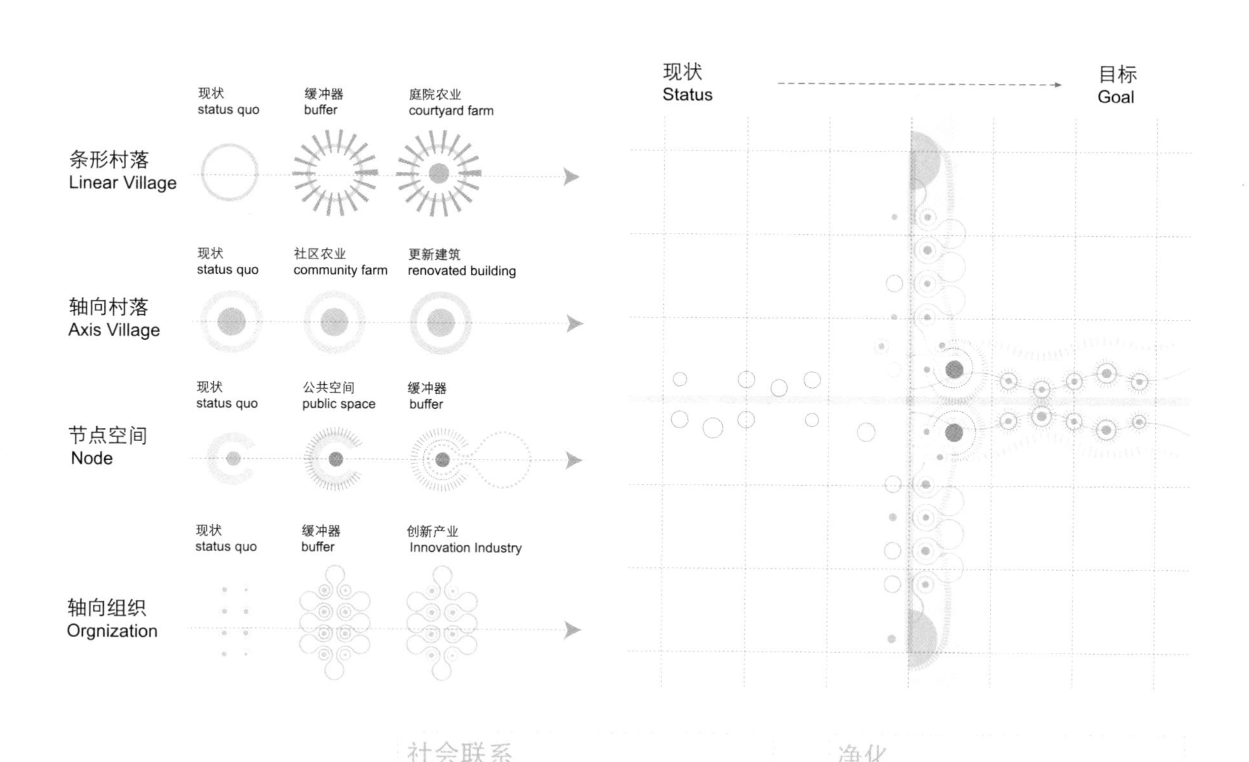

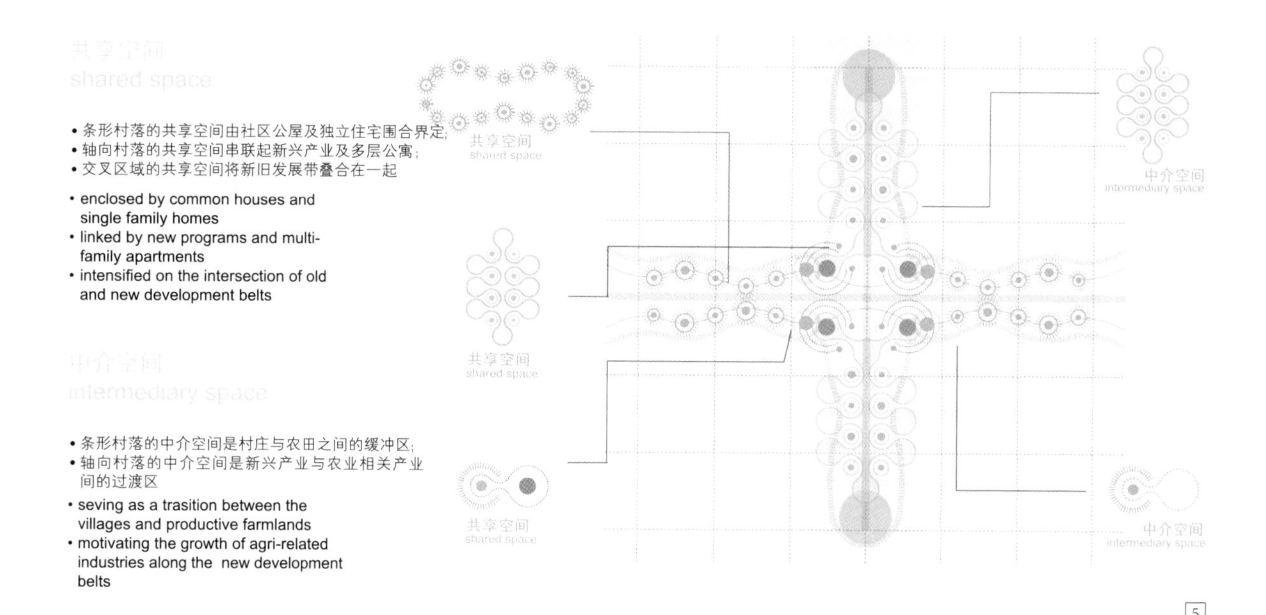

5 陈家镇乡村社区发展策略概念图解

人口结构
AGE STRUCTURE

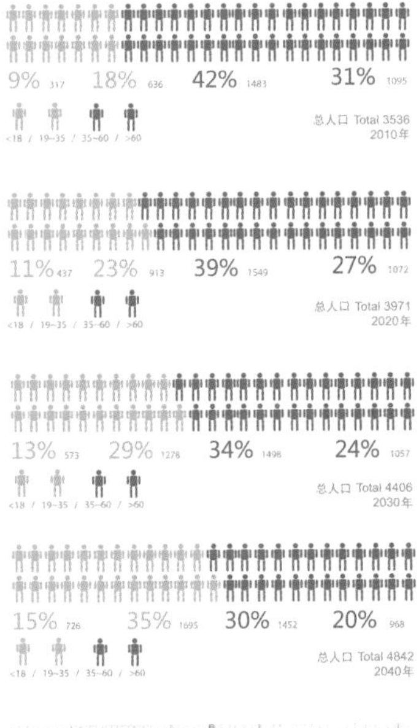

产业结构
INDUSTRIAL STRUCTURE

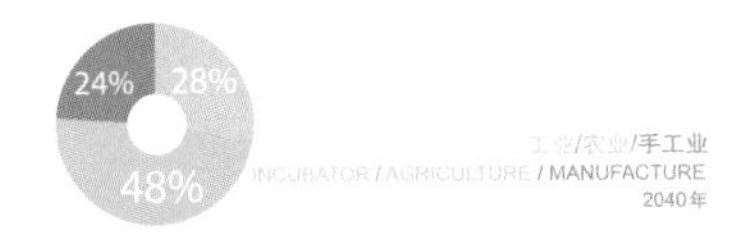

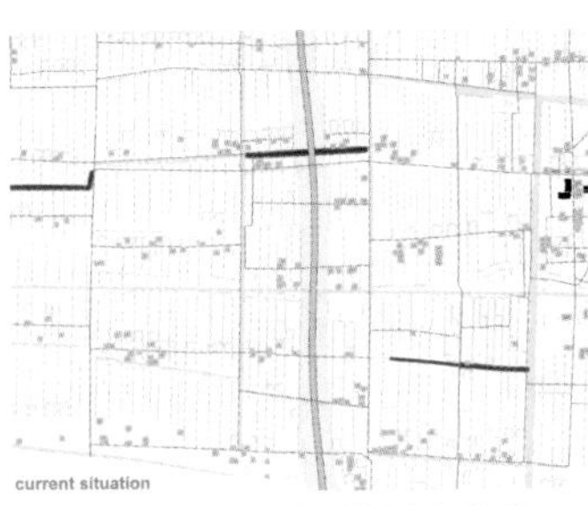

阶段零 (2015)——断裂的空间关系
Stage 0 -cracked space

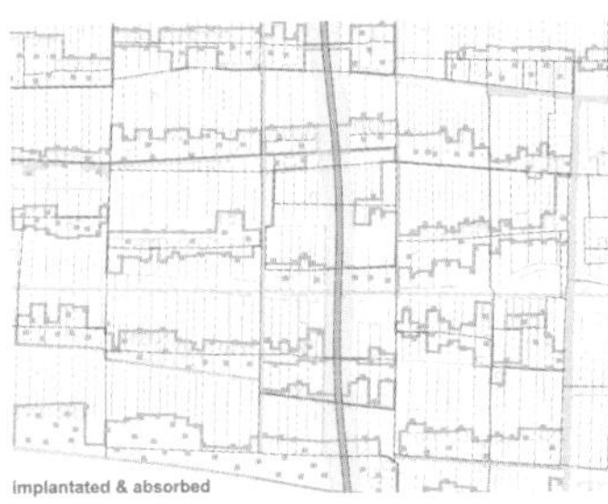

阶段一 (2025)——点状“针灸式”触媒
Stage 1 -catalytic "acupuncture"

阶段二 (2035)——连点成线，连线成面
Stage 2 -dot line, line surface

阶段三 (2045)——不断复制，迭代更新
Stage 4 -copy & iterative refinement

6

6 耕织单元分期建设人口结构、产业结构、空间结构演进示意

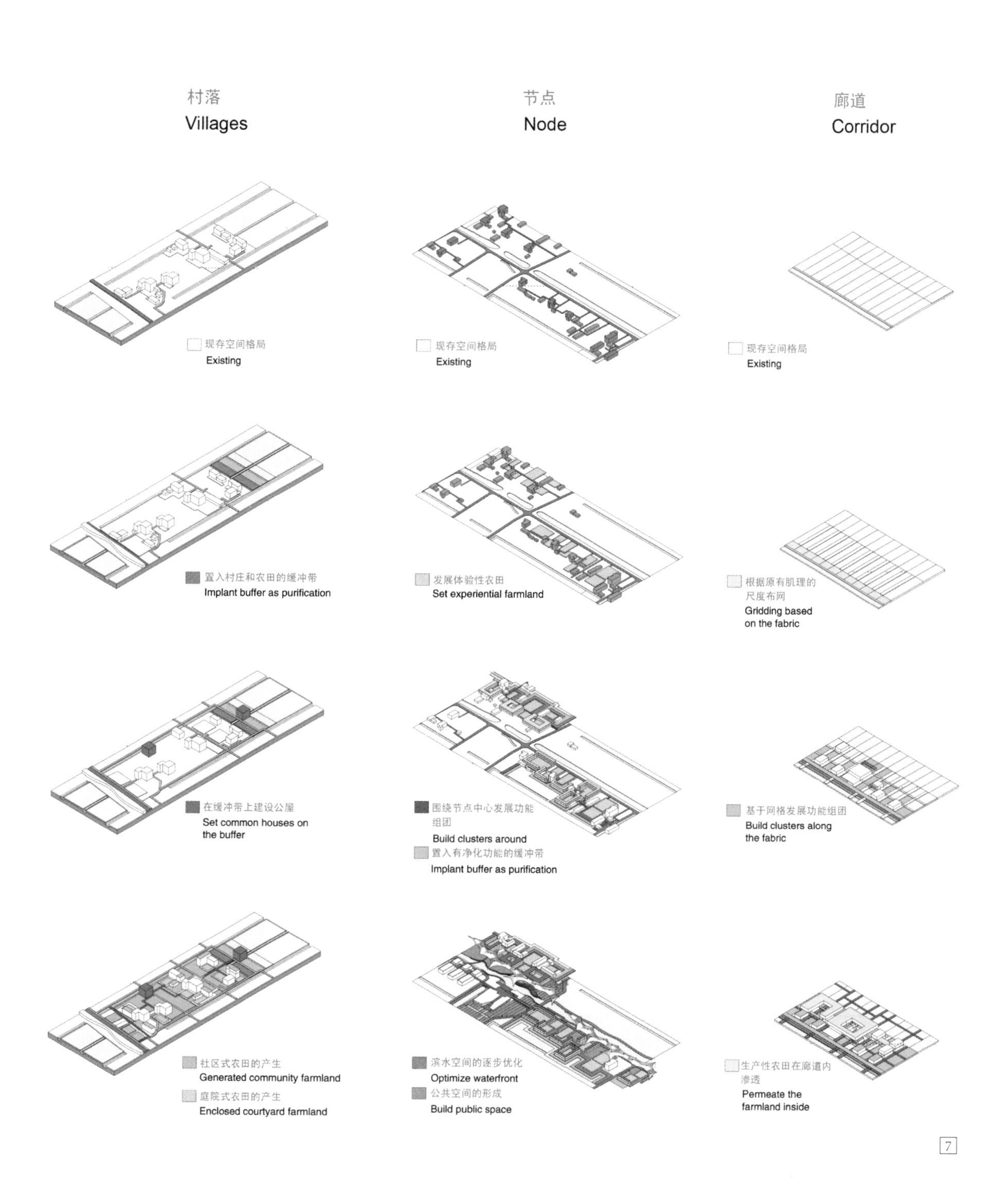

7 耕织单元的分期建设图解

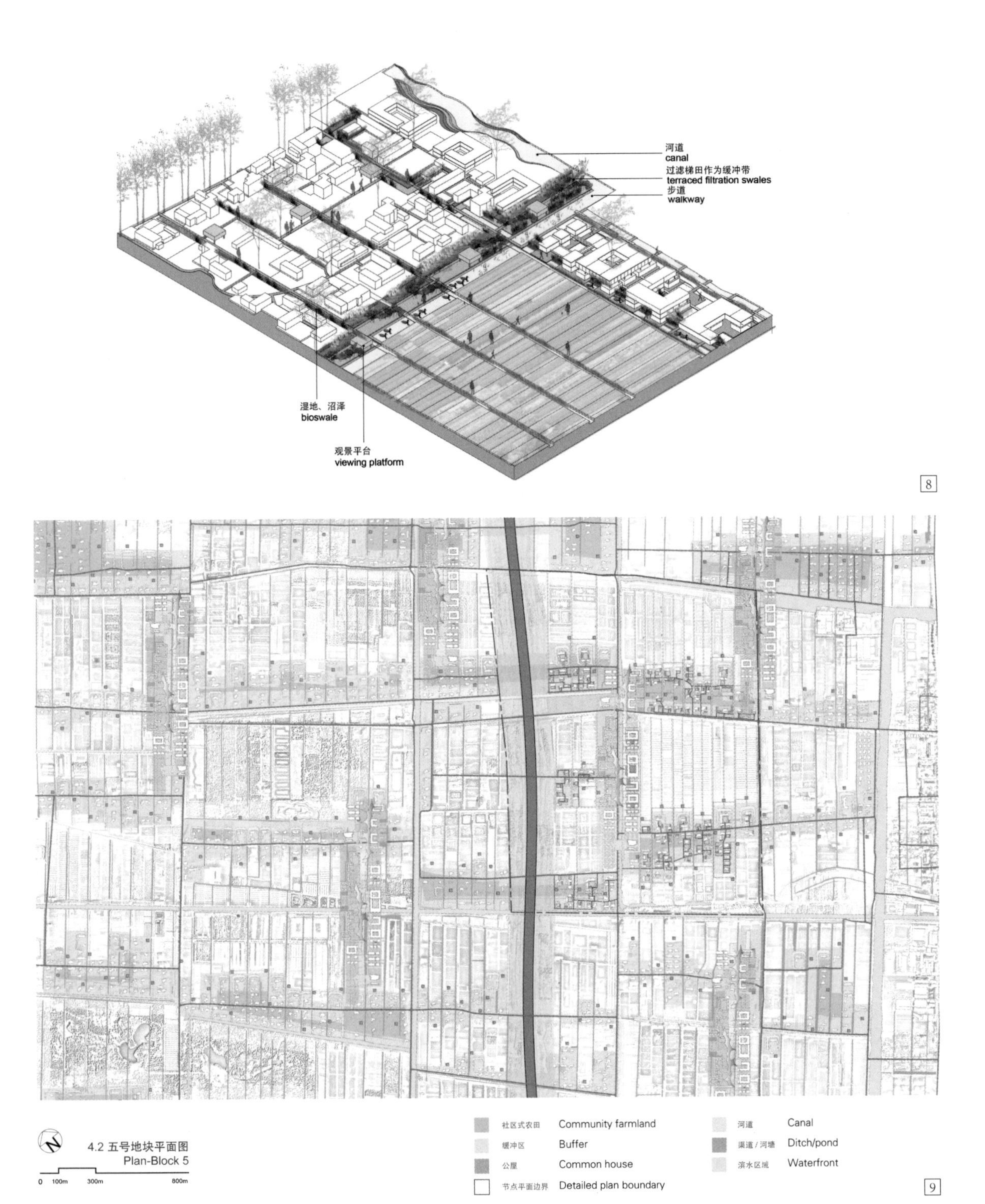

8 含生态修复功能的缓冲带耕织单元

9 五号地块总平面图

4.3 节点深化平面图
Detailed Plan

[10]

[10] 五号地块轴向村落区域深化平面图
[11] 耕织单元空间意向图
[12] 耕织单元节点深化意向图

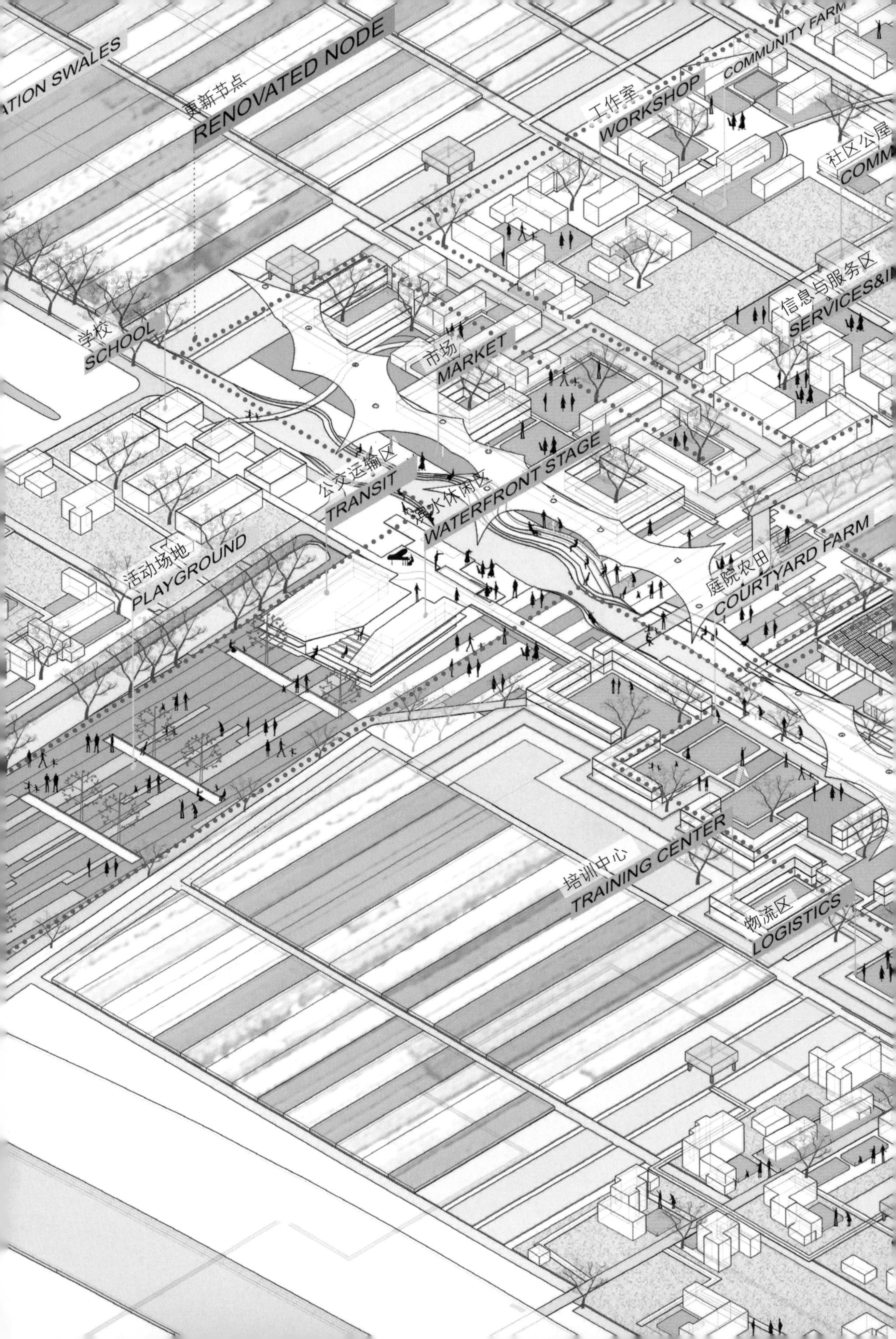
ATION SWALES
更新节点
RENOVATED NODE
COMMUNITY FARM
工作室
WORKSHOP
社区公屋
COMM
学校
SCHOOL
市场
MARKET
信息与服务区
SERVICES&I
公交运输区
TRANSIT
滨水休闲区
WATERFRONT STAGE
活动场地
PLAYGROUND
庭院农田
COURTYARD FARM
培训中心
TRAINING CENTER
物流区
LOGISTICS

庭院农田
COURTYARD FARM
IT SOHO
生产田
PRODUCTIVE FARM
ATER
移植联运装置
IMPLANTED LINKAGE
市政中心
CIVIC CENTER
田间路
AGRI-PATH
庭院农田
COURTYARD FARM
社区农田
COMMUNITY FARM
培训中心
TRAINING CENTER

农耕城市

永续社区设计在崇明岛生态城市设计中主要隶属于社会生态系统的机制与形态设计，是对崇明岛高密度乡镇建设模式的思考。

不同于生态绿廊与耕织单元，本方案中选取的设计研究对象陈家镇裕安社区是一个与周边环境格格不入的高密度转安置封闭型社区。除了老龄化与房屋大量闲置等问题，裕安社区是崇明社会生态系统结构性断裂最真实的呈现，失地的农民既失去了与生产资料的联系，同时也失去了与土地相关的邻里社会生活。

如何改变这一现状呢？学生们提出了两个概念，其一是城市农业，其二是农业大学。城市农业的概念将农耕与城市特有的空间组织方式相结合，试图在这个高密度社区中见缝插针，为转安置的老人提供一些可以耕种、收获的土地，同时为他们创造延续传统交往方式的公共空间。农业大学的概念则从人口构成、产业升级的角度切入，虽然是一种畅想，却是对裕安社区老龄化问题、功能与活力缺失问题、闲置用房合理利用问题的触媒式解决方案。

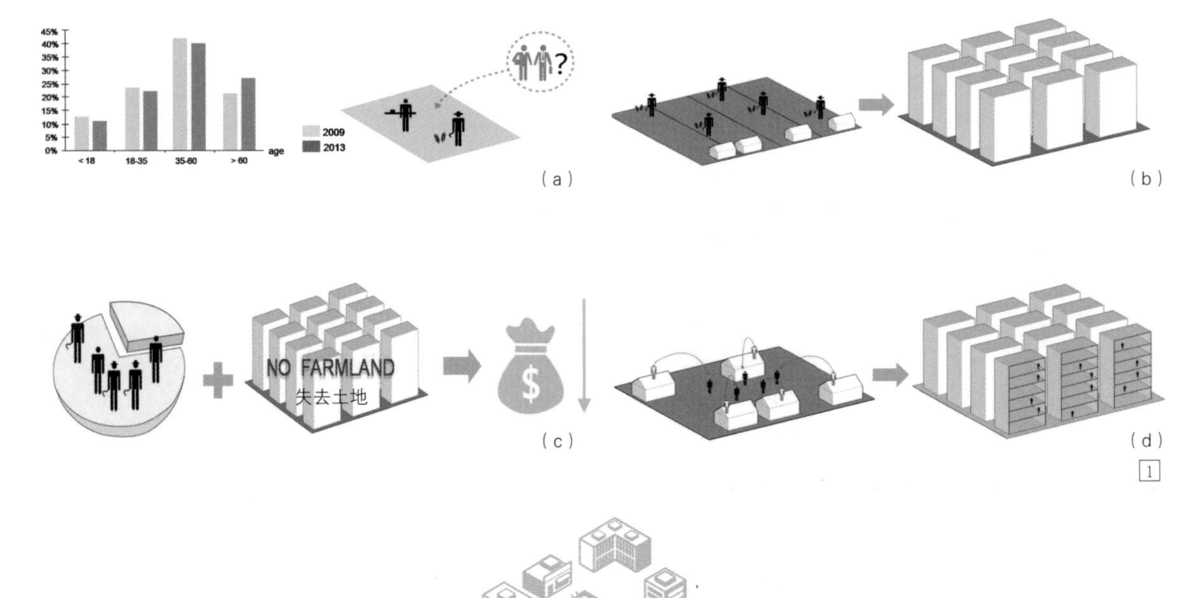

1 裕安社区现状图解分析
(a) 人口类型单一，老龄化严重；
(b) 生活方式改变；
(c) 丧失劳动资料及经济来源；
(d) 社会交往缺失

2 裕安社区的建设发展永续策略：城市农业 + 农业大学

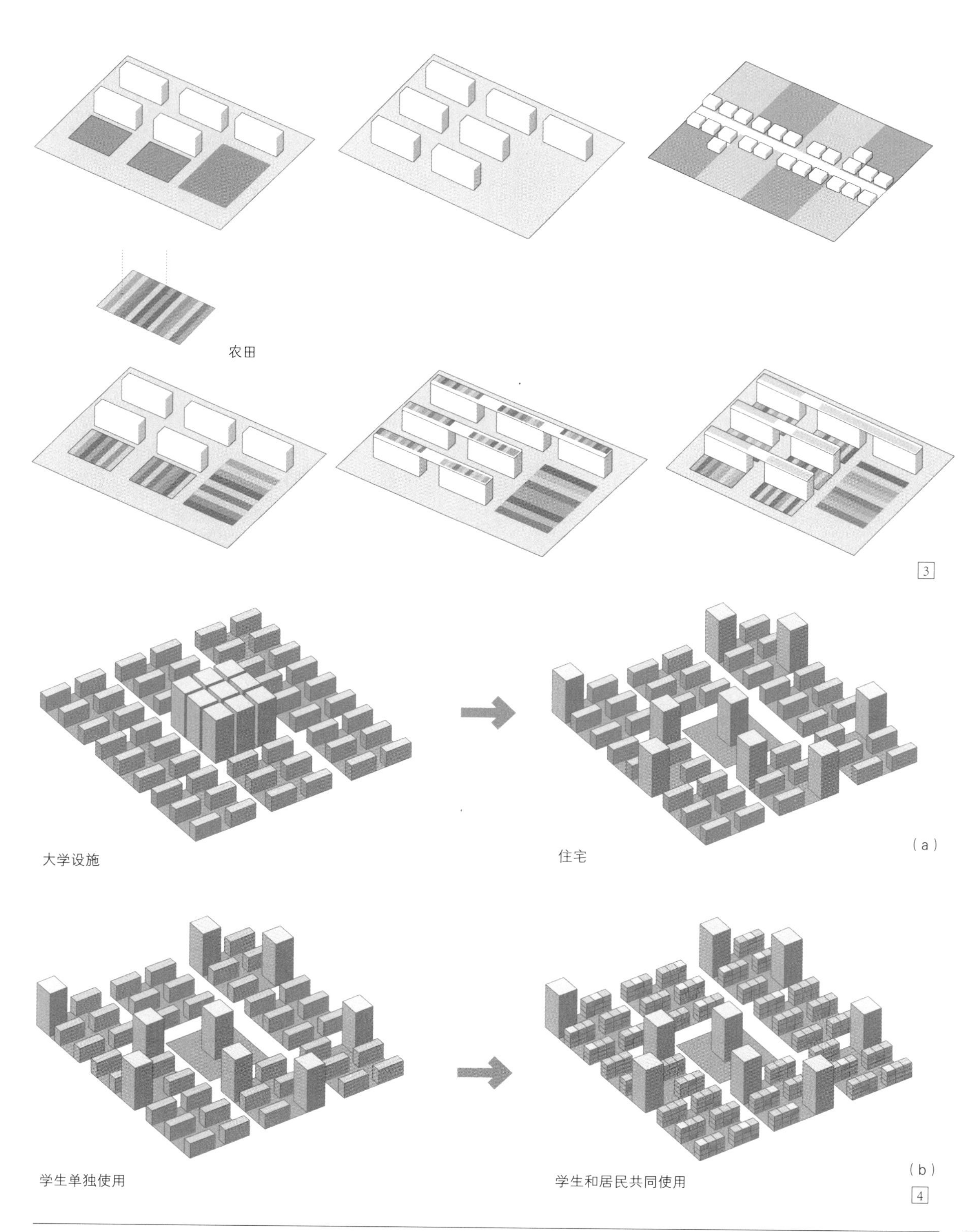

3 永续策略 1：城市农业，利用草坪、屋顶重构农耕社区

4 永续策略 2：农业大学
(a) 空间策略，变集中的大学为分散的大学；
(b) 功能策略，变单一功能为复合功能

5 裕安总平面图

6 详细设计地块总平面图

7 详细设计地块鸟瞰意向图

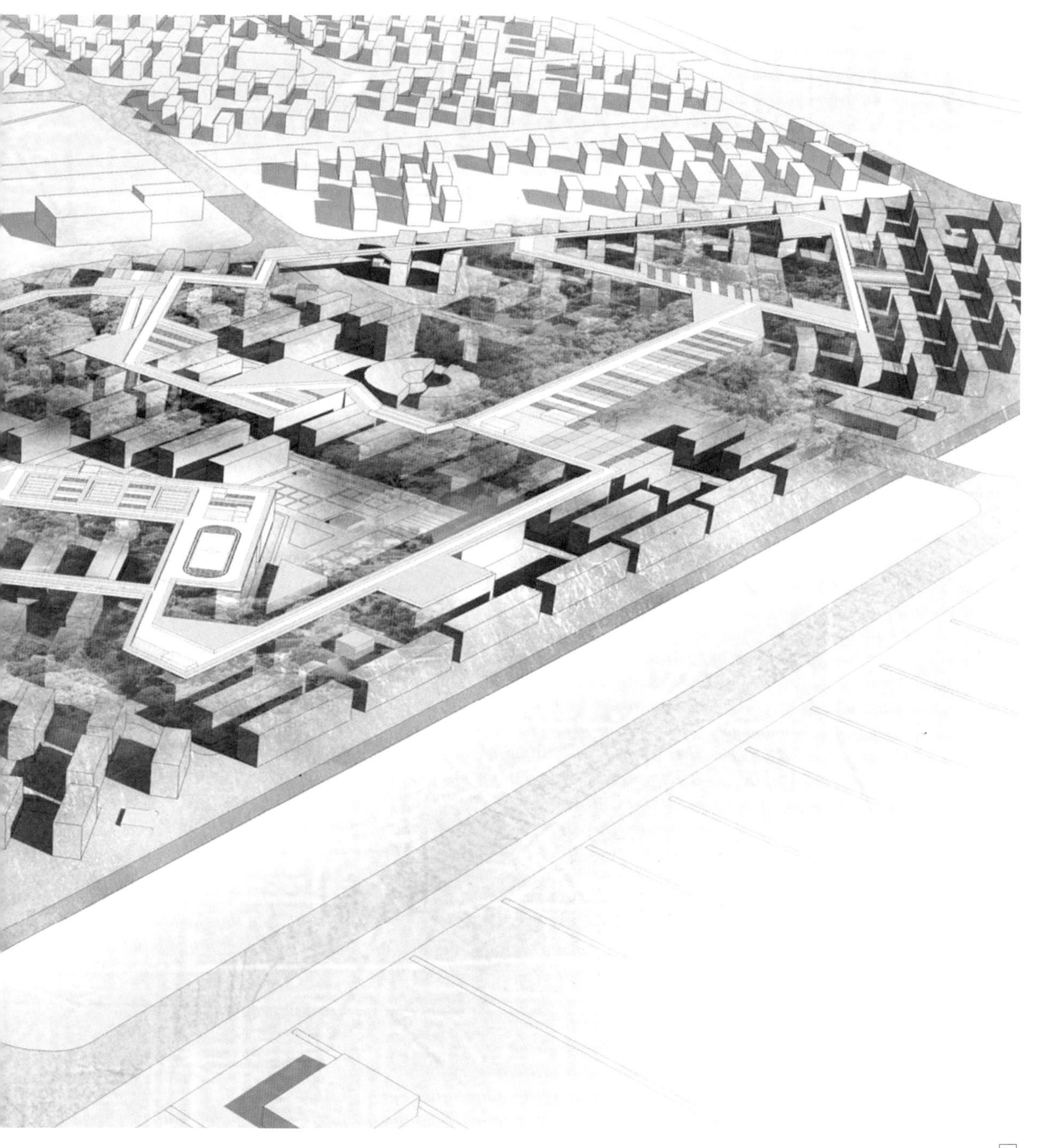

7

8 设计地块改造前后总平面图对比
9 设计地块分期发展图解

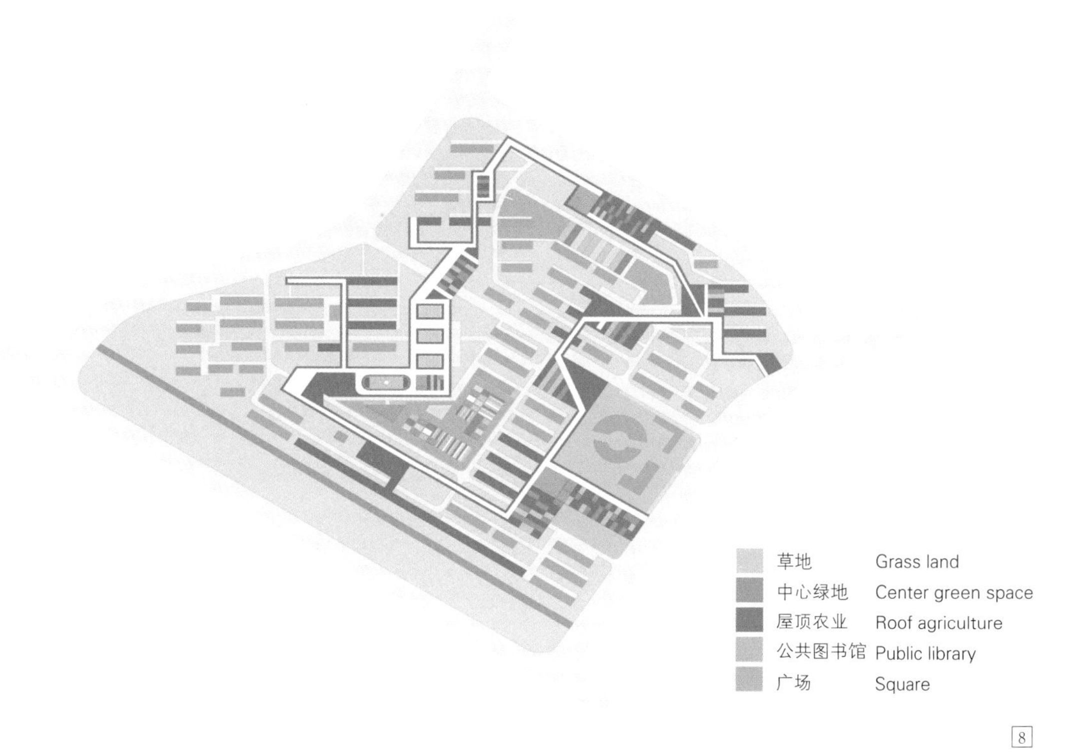
草地 Grass land
中心绿地 Center green space
屋顶农业 Roof agriculture
公共图书馆 Public library
广场 Square

8

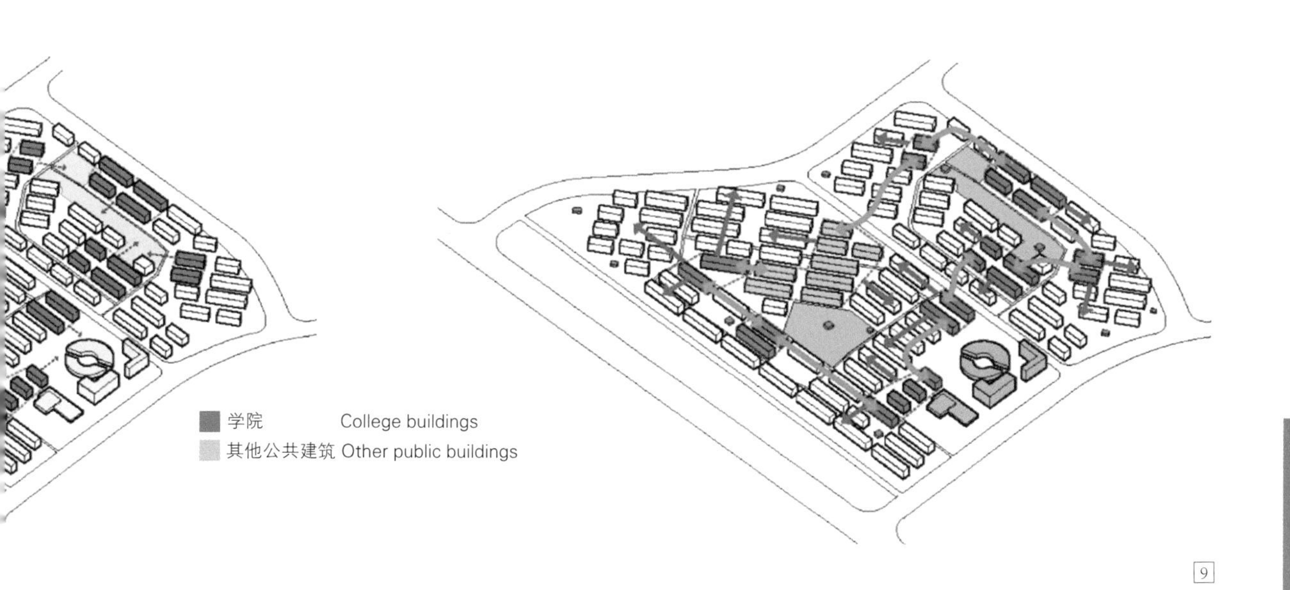
学院 College buildings
其他公共建筑 Other public buildings

9

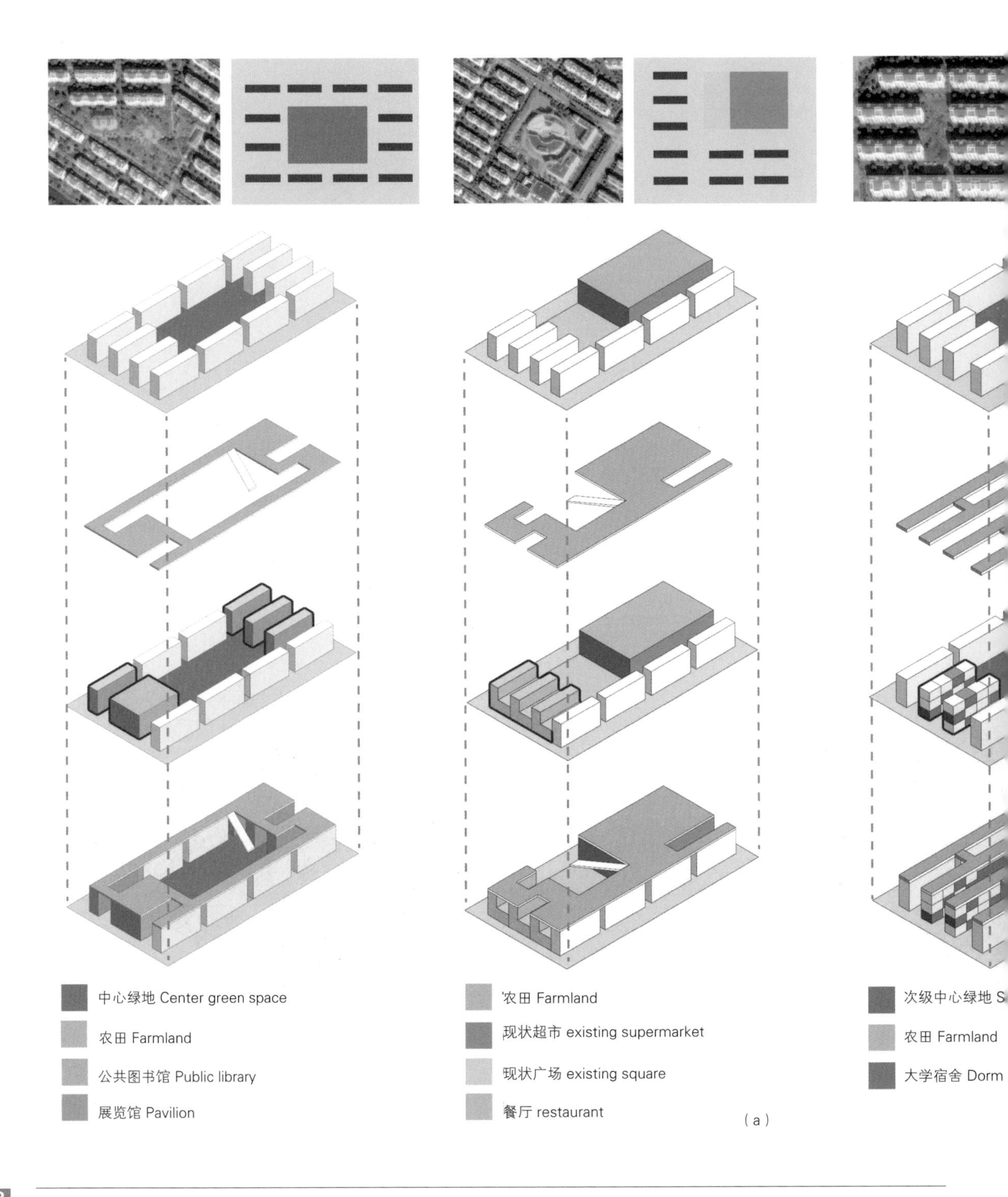

10 永续社区建设改造模式图
（a）围绕主要中心绿地，两栋住宅合并，改造成为公共图书馆；围绕现状公共设施，连接住宅底层，成为餐厅。
（b）围绕次要公共绿地，将学生宿舍与居民住宅混合；选取行列式住宅组团，以玻璃顶覆盖宅间绿地，转换该空间为多功能厅。
（c）选取靠近公园的住宅，保证住宅自然采光，公园草地转换为农田

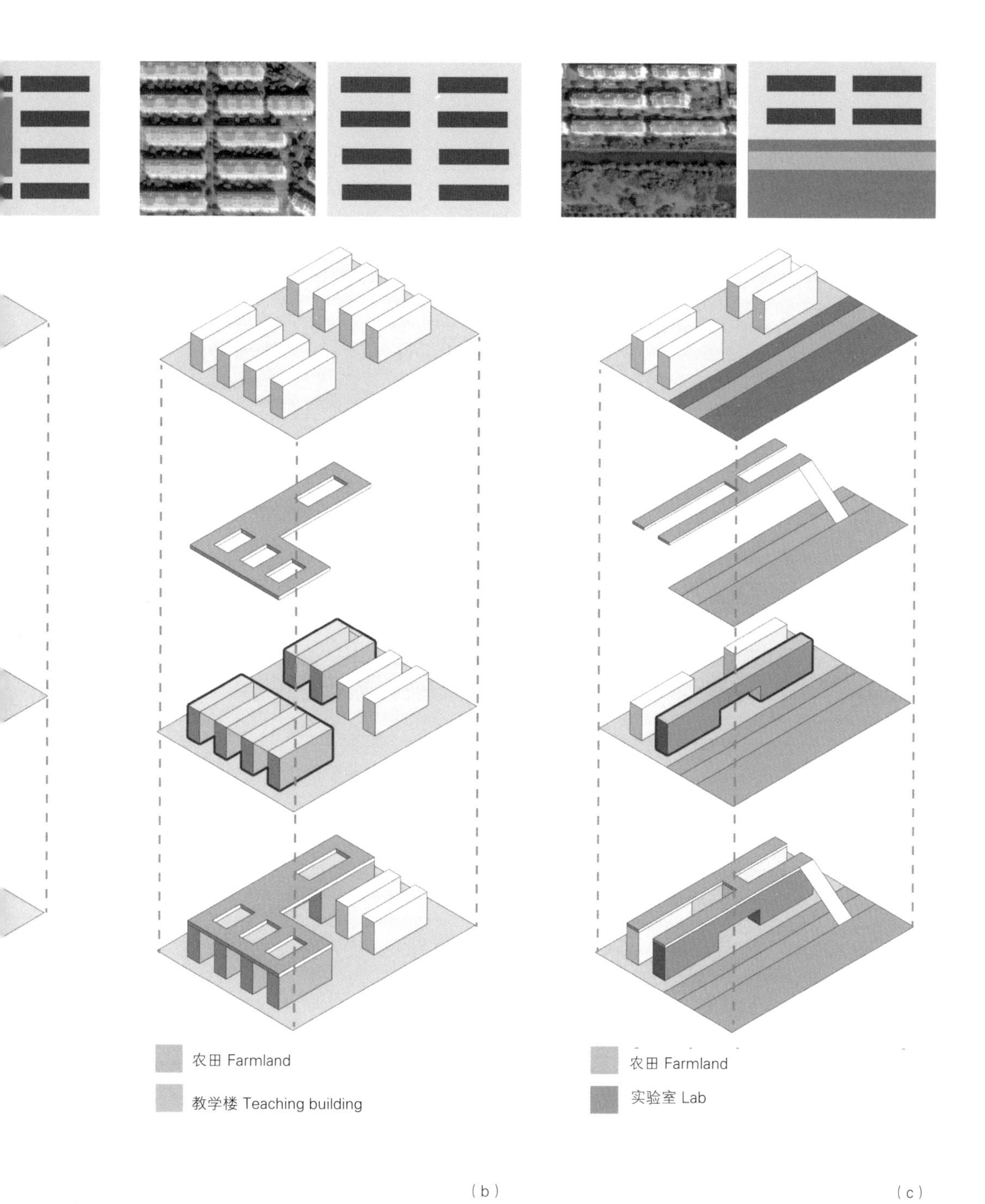

(b)

(c)

10

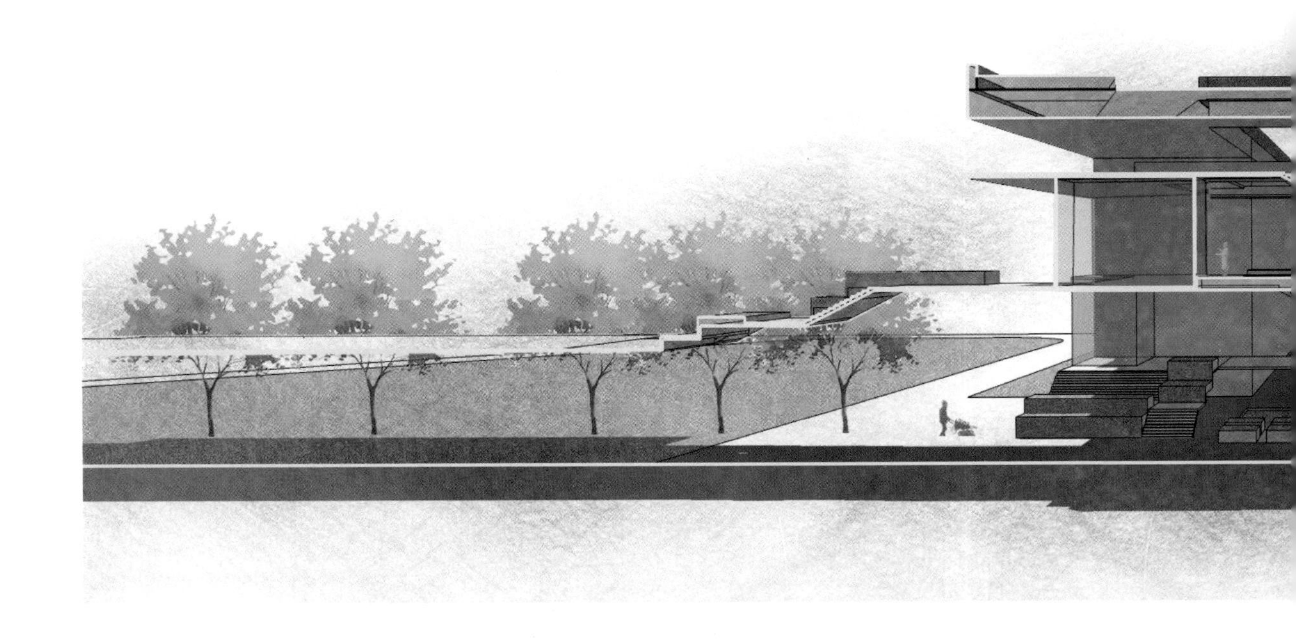

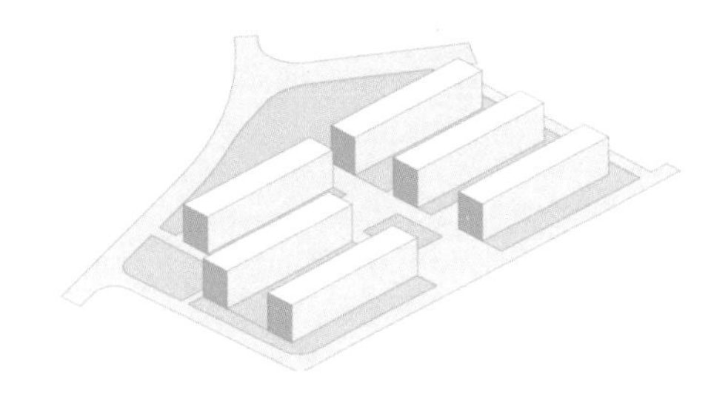

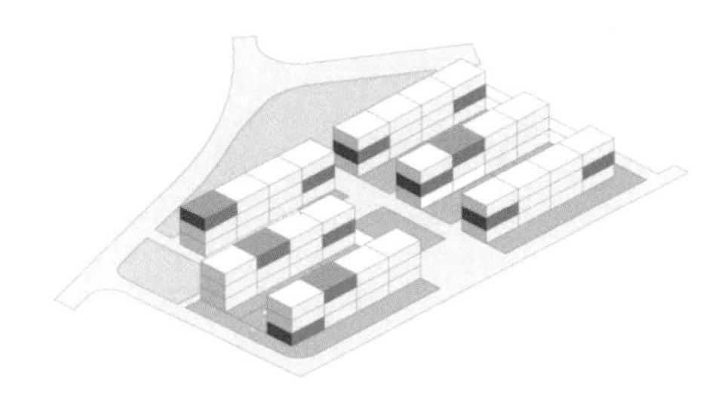

11 社区综合体剖面示意图

11

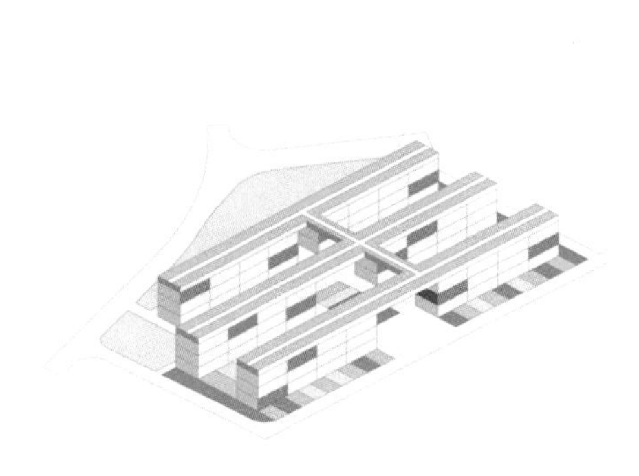

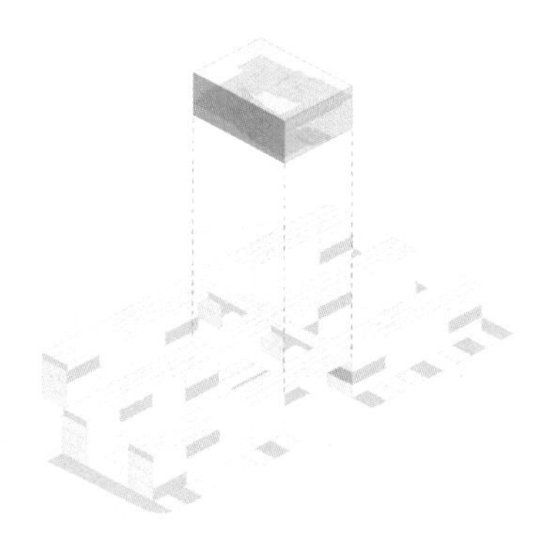

12

12 社区综合体分期改造示意图
由左至右分别是：
- 现状；
- 植入学生公寓；
- 完成屋顶农耕区建设；
- 嵌入社区综合体

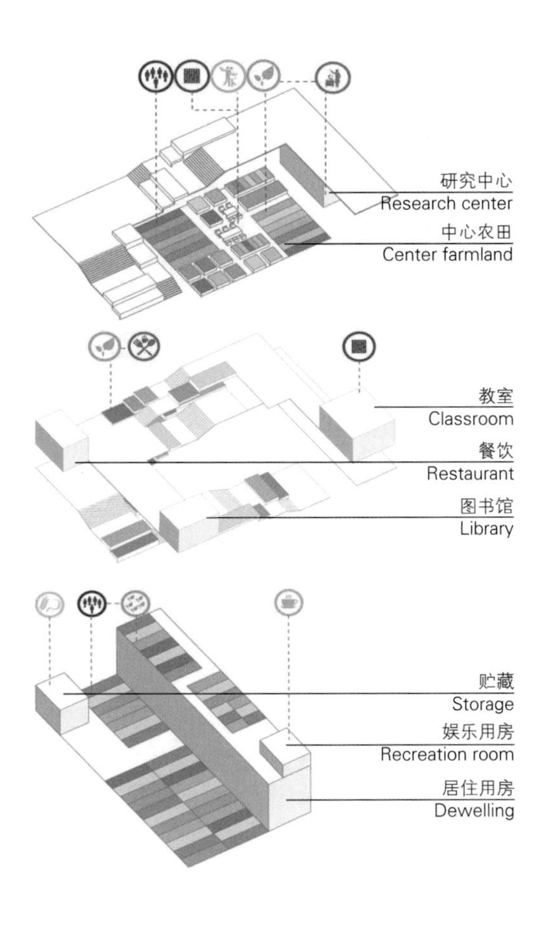

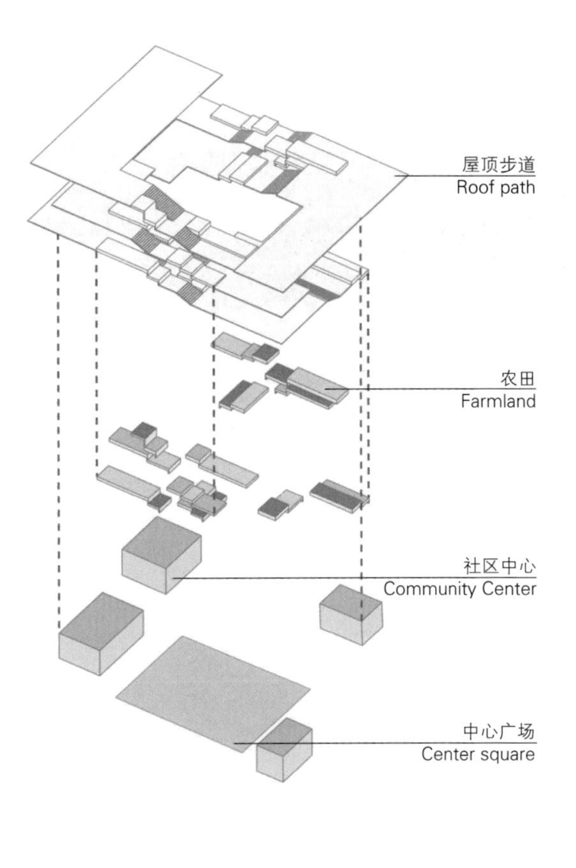

13 社区综合体功能组织分析图

14

14 社区综合体鸟瞰示意图

15 生态崇明，生态陈家镇

15

图书在版编目（CIP）数据

生态城市设计：崇明生态岛的策略与思考 / 王一，黄林琳，杨沛儒著 . -- 上海：同济大学出版社，2019.7

ISBN 978-7-5608-8240-6

Ⅰ. ①生… Ⅱ. ①王… ②黄… ③杨… Ⅲ. ①生态城市—城市规划—建筑设计—研究—崇明区
Ⅳ. ① TU984.251.3

中国版本图书馆 CIP 数据核字（2018）第 268066 号

生态城市设计——崇明生态岛的策略与思考

王　一　黄林琳　杨沛儒　著

责任编辑　由爱华
责任校对　徐春莲
封面设计　张　微

出版发行　同济大学出版社　www.tongjipress.com.cn
（地址：上海市四平路 1239 号　邮编：200092　电话：021-65985622）
经　　销　全国各地新华书店
印　　刷　上海安枫印务有限公司
开　　本　787mm × 1092mm　1/16
印　　张　8.5
字　　数　212 000
版　　次　2019 年 7 月第 1 版　　2019 年 7 月第 1 次印刷
书　　号　ISBN 978-7-5608-8240-6
定　　价　58.00 元